Photoshop淘宝天猫网店美工一本通

宝贝+装修+活动图片处理

六点木木　编著

全彩

电子工业出版社

Publishing House of Electronics Industry

北京·BEIJING

内 容 简 介

这是一本从淘宝、天猫网店处理图片需求出发，解决发布宝贝、装修店铺、活动推广中所需三大类图片设计制作的实战案例操作+图文详解的图书。书中涉及内容全部源自淘宝、天猫开店一线，通过超多案例，融会贯通Photoshop（简称PS）软件在每一类图片中的设计思路，教会大家对背景处理、色彩搭配、字体选择、抠图、修图、调色、裁剪、图文混排、图像合成等PS技巧的综合应用。

全实战案例，图文详解步骤演示，淘宝、天猫开店一线实战经验精华，认真看完并对照步骤练习，能让你快速学会使宝贝大卖的美工视觉秘籍，并帮助你快速掌握网店图片处理的设计和排版技能。本书提供配套练习素材及源文件，涉及细节、所需素材会一一在正文中标注，边看边练习，即学即用。

本书适合于淘宝、天猫网店美工，打算开店的新人，已经开店的卖家或运营、客服等相关的从业人员，也可以作为相关院校的电子商务、设计等专业的教材使用。

未经许可，不得以任何方式复制或抄袭本书之部分或全部内容。

版权所有，侵权必究。

图书在版编目（CIP）数据

Photoshop淘宝天猫网店美工一本通：宝贝+装修+活动图片处理 / 六点木木编著. —北京：电子工业出版社，2018.2

ISBN 978-7-121-33195-4

Ⅰ.①P… Ⅱ.①六… Ⅲ.①图象处理软件 Ⅳ.①TP391.413

中国版本图书馆CIP数据核字（2017）第303186号

策划编辑：孔祥飞
责任编辑：徐津平
印　　刷：北京虎彩文化传播有限公司
装　　订：北京虎彩文化传播有限公司
出版发行：电子工业出版社
　　　　　北京市海淀区万寿路173信箱　　　　　邮编：100036
开　　本：787×980　1/16　　印张：13.5　　字数：280千字
版　　次：2018年2月第1版
印　　次：2024年8月第11次印刷
定　　价：69.00元

凡所购买电子工业出版社图书有缺损问题，请向购买书店调换。若书店售缺，请与本社发行部联系，联系及邮购电话：（010）88254888，88258888。

质量投诉请发邮件至zlts@phei.com.cn，盗版侵权举报请发邮件至dbqq@phei.com.cn。

本书咨询联系方式：010-51260888-819，faq@phei.com.cn。

前 言

　　这是一本从淘宝、天猫网店处理图片需求出发，关于发布宝贝、装修店铺、活动推广中所需三大类图片设计制作的图书，采用全实战案例操作+图文详解的讲解方式。书中涉及内容全部源自淘宝、天猫网店一线，通过超多案例，融会贯通Photoshop（简称PS）软件在每一类图片中的设计思路，教会大家背景处理、色彩搭配、字体选择、抠图、修图、调色、裁剪、图文混排、图像合成等PS技巧的综合应用，认真看完并对照步骤练习，能让你快速学会使宝贝大卖的美工视觉秘技，并帮助你快速掌握网店图片处理的设计排版技能。

　　全书共9章，讲解了淘宝、天猫店铺的三大类美工视觉秘技。

　　第1章至第6章，教你第一类宝贝详情描述相关图片的美工秘技。一个完整、优质且平台和买家都喜欢的宝贝详情介绍页所需图片包含：电脑端+手机端宝贝图片、宝贝规格图片、电脑端描述图片、手机端描述图片。前6章综合淘宝、天猫发布宝贝的规则技巧，案例以图文演示的形式抽丝剥茧，教会你具体方法和操作步骤，即学即用，帮你打造赢在起跑线、具备大卖潜质的优秀"攻心"宝贝详情页。

　　第7章和第8章教你第二类店铺装修图片的美工秘技。说明店铺装修的核心工作，以及装修作图是为了什么。恭喜你！在本书中可以学会店铺装修的精华技巧。六点木木老师会告诉你电脑端+手机端店铺首页装修整体规划布局技巧；电脑端店招、全屏/通栏海报、图文混合型分类导购、优惠券、个性化宝贝推荐、个性化客服中心+收藏店铺、左侧栏190个性化分类图的设计制作技巧；手机端店招、焦点图、个性图文混合型分类导购图、优惠券、个性化不规则排版等图的设计制作技巧。不进培训班，轻松学得会！

　　店铺运营过程中还需推广引流、报名活动，这些情况对图片的制作要求完全不同，

第9章将教给你第三类活动推广图片的美工视觉秘技，教会你最热门的天天特价活动图、淘金币活动图、手淘活动图、行业营销活动图、直通车创意主图的最新要求和制作规范，帮助你顺利通过活动报名。

全实战案例，图文详解步骤演示，淘宝、天猫网店一线实战经验精华，书籍提供配套练习素材及源文件，涉及细节、所需素材会一一在正文中标注，边看边练习，即学即用！

本书作者：李露茜（微信公众号：liudianmumu），笔名为六点木木，具有 8 年淘宝一线实战经验。尽管作者在编写过程中力求准确、完善，但是书中难免会存在疏漏之处，恳请广大读者批评、指正。

读者服务

轻松注册成为博文视点社区用户（www.broadview.com.cn），扫码直达本书页面。

- **下载资源**：本书资源文件，均可在"下载资源"处下载。
- **提交勘误**：你对书中内容的修改意见可在"提交勘误"处提交，若被采纳，将获赠博文视点社区积分（在你购买电子书时，积分可用来抵扣相应金额）。
- **交流互动**：在页面下方"读者评论"处留下你的疑问或观点，与我们和其他读者一同学习交流。

页面入口：http://www.broadview.com.cn/33195

目 录

第一类美工秘技　宝贝详情图设计制作

第二类美工秘技　店铺装修图设计制作

第三类美工秘技　活动推广图设计制作

1

第一类美工秘技

宝贝详情图设计制作

　　"宝贝详情"是大家对淘宝、天猫的商品信息展示页面的通俗说法，作为卖家、美工、运营专员等，必须非常清楚地知道宝贝详情页哪些位置需要什么尺寸的图片、其制作规范是什么样的、优化技巧有哪些。

　　网购与实体店购物最大的区别在于，消费者不能真实地接触商品，只能凭借卖家展示的商品图片、文字描述、小视频、买家评价等信息去了解商品详情，然后再决定是否购买。

　　每一个商品的宝贝详情页是买家了解该商品最重要的媒介，也是买家一定会停留的地方。优化恰当，不但能激发买家的购买欲望、增加买家的停留时间、促使买家看完描述快速下单、提升成交转化率，还能关联营销更多商品，让买家有更多、更合适的选择。

　　很多卖家，特别是新卖家，对这方面的认识和经验不足，不知应该从哪些细节打造出平台和买家都喜欢的宝贝详情页。开网店卖出去商品是核心，而这核心中的灵魂之一便是淘宝、天猫平台喜欢并且会给权重、让买家看一遍就下单购买的宝贝详情页。本书第1章至第6章重点围绕宝贝详情页中所需图片的尺寸要求、设计制作排版技巧、优化技巧等，教会大家独自制作出让宝贝大卖的优质详情页！

　　以淘宝卖家从卖家中心发布"女鞋>>帆布鞋"为例，宝贝详细信息填写界面如下图所示，需上传图片的参数分别是："电脑端宝贝图片""手机端宝贝图片""宝贝规格–颜色分类""电脑端描述""手机端描述"，它们对图片的尺寸要求都不同，各自优化重点也不同，第1章至第6章将分别介绍。

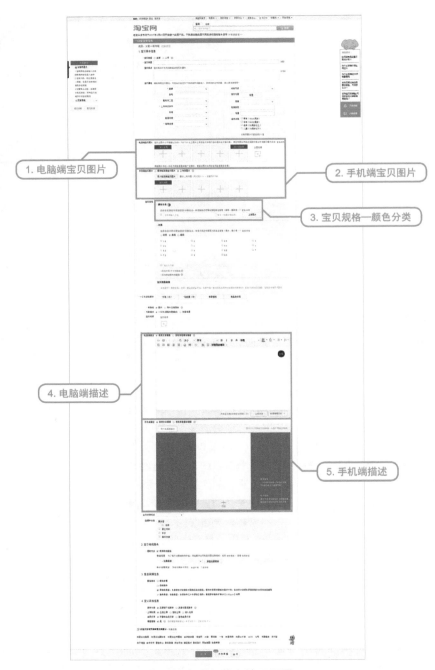

图1　宝贝详细信息填写界面

第 1 章

淘宝、天猫宝贝主图设计制作

1.1　什么样的宝贝淘宝、天猫和买家都喜欢

　　淘宝网（www.taobao.com）由阿里巴巴集团（简称阿里）于2003年5月创立，通过十几年的发展壮大，其注册用户数超过5亿，日活跃用户数超过1.2亿，在线商品数超过8亿。已经从原来单一的C2C网络集市演变为包括C2C、团购、分销、拍卖、直供、众筹、定制等多种电子商务模式在内的综合性零售商圈，也是亚太地区首屈一指的电商平台。

　　天猫（www.tmall.com）原名淘宝商城，于2012年1月11日上午正式更名为"天猫"，是阿里巴巴集团旗下B2C电商平台，其整合了数千家品牌厂商、生产商，为商家和消费者之间提供一站式解决方案。阿里希望天猫成为消费者在网购世界中的第五大道（位于美国纽约市曼哈顿）或者香榭丽舍大道（位于法国巴黎）！

　　随着人们生活水平的提升，网购用户对网购商品的品质要求也在不断提升，消费需求在变，淘宝、天猫平台也要顺应趋势不断改变，作为商家应该搞清楚：你发布的宝贝给谁看？

　　首先，发布的宝贝给淘宝、天猫平台看。淘宝、天猫的不断发展和演变决定了它们对入驻商家的要求越来越严格，对每一个单品的规范性和品质要求越来越高，平台喜欢遵守规则和玩法的宝贝。

　　卖家在发布宝贝时应该遵循以下两大核心要点：

　　1．不违规、不售假、不侵权、不盗图、不发布禁限售商品、需准入资质的类目商品按要求提交资质材料、不滥发商品。

　　2．符合搜索排序规则：正确填写宝贝标题、合理上下架和橱窗推荐、精准选对类目、属性填写完整正确、SKU价格不作弊、不玩超低价、不添加牛皮癣主图、不炒信、不刷单。

　　其次，发布的宝贝给买家看。买家希望你看透他的心理，知道他想买什么样的宝

贝，也知道他在什么条件下更容易爽快地掏钱。

比如宝贝及其描述符合买家需求、有优惠、质优价廉、宝贝与买家的期望值接近、购买后收到的宝贝与详情描述介绍的内容一致、卖家守信及时高效发货、服务好、买家有疑问时解疑迅速、售后问题专人负责、处理迅速，等等。

做到上述两点，你的宝贝一定深受欢迎！

后面的内容，我们将抽丝剥茧，告诉你宝贝详情页中关于图片的每一个细节怎么去做。

1.2 不要随意发主图，做到以下三点流量转化率轻松翻番

在卖家中心发布任何一个全新宝贝，都必须先通过系统自动检测，没有违规才能发布成功。发布成功后，买家会不会购买，得看宝贝图片的拍摄水准和美工优化水准。竞争日益激烈的今天，网上卖宝贝就是卖图，一点不假。

宝贝主图作为吸引点击的重要"敲门砖"，对店铺流量和销售转化起着尤为重要的作用。如果卖家对宝贝主图的处理很随意，那么您的宝贝注定会淹没在商品大海中，无人问津！根据我们多年的实战经验，建议您从以下三个方面优化主图，轻松实现流量转化率翻番！

第一，从有利于"曝光展现"的主图发布规则着手，制作主图。

淘宝、天猫卖家发布宝贝时，宝贝图片分为电脑端和手机端，以淘宝卖家在卖家中心发布"女鞋>>帆布鞋"为例，宝贝详细信息填写界面中电脑端和手机端宝贝图片添加入口如图1-1所示。

图1-1 电脑端和手机端宝贝图片添加入口

电脑端宝贝图片发布规则：从左往右第一张加红色*的是"宝贝主图"，是必填项，单击"+"上传事先做好的图片即可。

多数类目的电脑端宝贝图片最多添加5张，除了第一张宝贝主图，其余四张选填；单张宝贝图片大小不超过3MB；单张图片尺寸在700像素×700像素及以上，自动提供放大镜功能；页面默认宝贝图片是正方形，最小尺寸为410像素×410像素，尺寸在410像素～700像素之间的图片没有放大镜功能。

少数类目，比如"女装/女士精品>>风衣"，除了5张正方形宝贝图片，还可以添加一张宝贝长图，用来展现在搜索列表、市场活动等页面，该长图的横竖比（即宽高比）必须为2：3，最小高度为480像素，建议使用尺寸为800像素×1200像素的图片，展示效果更佳。

优化建议： 1. 以自己商品所在类目为准，5张或6张宝贝图片全部按尺寸要求制作添加，不留空位。

2. 淘宝、天猫平台考虑用户体验以及页面的美观性，5张宝贝图片都默认为正方形，制作正方形图片有助于获得更多曝光机会。

3. 考虑不同终端（如电脑、手机、平板电脑等）的兼容性，结合多年来淘宝、天猫详情页的改版特性，建议正方形宝贝图片的尺寸都制作成750像素×750像素或者800像素×800像素，以降低人力返工成本。

4. 建议使用Photoshop软件处理，单张宝贝图片的品质大小控制在300KB左右，有助于提升页面加载速度，特别是网络不好的买家也能快速打开图片。当然，在保证图片清晰度的前提下，品质越小，打开速度越快。

5. 从左往右第5张添加宝贝白底图可增加宝贝在无线端手机淘宝首页的曝光机会。

手机端宝贝图片发布规则：目前多数类目没有开放单独上传入口，请以自己商品所在精准类目为准，如果有，您看到的添加入口与图1-1中的一致，可以单击选择"复制电脑端宝贝图片"或者选择"上传新图片"，用事先制作好的区别于电脑端的图片上传即可。

未开放单独添加的类目，与电脑端共用宝贝图片，无需另外制作。

优化建议： 1. 以自己商品所在类目为准，开放添加的类目，单独制作区别于电脑端的图片上传，5张图片全部制作成尺寸为750像素×750像素或800像素×800像素的正方形，不留空位。

2. 手机或平板电脑屏幕较小，对图片清晰度要求更高，建议使用尽量清晰的图片。

3. 虽然手机端宝贝图片都不是必填项，但开放了添加入口给您，就一定要全部上传，不留空位，对提升宝贝在无线端权重和增加曝光机会有很大的帮助。

4. 网店支持.jpg\.png\.gif格式的图片，没特殊要求的地方，建议使用清晰度更高的.png格式；有图片大小要求的地方，建议使用可以调整图片大小的.jpg格式；非特别需求一般不用.gif格式。

第二，一开始就要有大局观，布局适用于多渠道展现的宝贝主图，赢在起跑线。

不管是电脑端还是手机端，可以最多添加5张正方形宝贝图片，但只有第一张宝贝主图是"门脸"，是"敲门砖"，它决定着买家看到您的主图后，要不要点开详情页进一步了解宝贝。

事实上，萝卜青菜各有所爱，哪怕做到极致，仍会有人不喜欢。所以，我们追求主图的"点击率"，在宝贝主图的展现次数不变的情况下，被点击的次数越多，点击率就越高（公式：点击次数/展现次数=点击率）。店铺运营过程中，我们也一直追求更多的展现次数和更高的点击率。

第一点中，我们建议大家把电脑端和手机端宝贝图片的尺寸都制作成750像素或800像素的正方形，正是基于最大限度地获取展现次数的考虑，当宝贝图片在不同位置自动缩放展示时，都不会影响清晰度，更有助于优先展示，从同类宝贝中脱颖而出。

很多卖家根本不知道，当宝贝成功发布后会展示在哪些位置，"着眼大局观布局宝贝主图"就更不知道如何着手了！

当宝贝通过系统检测成功发布后，电脑端和手机端使用宝贝主图展示的渠道一般有以下三类：

第一类，自己店铺外的淘系网站内，比如在淘宝网首页通过"宝贝搜索"的搜索结果页、通过"店铺搜索"的搜索结果页、淘宝主题市场、主题市场的搜索结果页、淘宝特色市场等。

第二类，自己店铺内，比如店铺首页、活动页、搜索结果页、所有宝贝页、自定义页面、分类列表页等。

第三类，使用直通车推广时将宝贝主图默认为推广创意主图，使用淘宝客推广时自动调取主图，使用第三方导购类网站自动调取主图等。

所以，按照我们的优化建议去制作主图，您的宝贝将在初期就领先竞争对手！

第三，制作宝贝主图时，不要有"牛皮癣"，不要跟淘宝规则对着干。

淘宝官方明确说明：为了提升整个淘宝搜索的买家购物体验，同时也为了提升卖家的购物成交，将对搜索结果页中质量较好的主图进行流量加权。

那么，哪些情况属于严重的牛皮癣主图呢？

1. 多文字区域，大面积铺盖，干扰正常查看宝贝；2. 文字区域在图片周边，虽没有大面积铺盖，但颜色过于醒目，且面积过大，分散注意力；3. 文字区域在图片中央，透明度低，面积大且颜色鲜艳，妨碍正常观看宝贝。牛皮癣主图的示例如图1-2所示。

图1-2 严重牛皮癣图片错误示例

卖家如何制作宝贝主图才能增加权重？

1. 图片包含文字，但它们为品牌LOGO或店铺名等描述性文字，面积较小，不明显；2. 图片包含描述性文字，但位于图片边角，且所占面积小；3. 图片上无肉眼可见的文字区域；4. 清晰、符合尺寸规范的正方形图片。优质宝贝主图示例如图1-3所示。

图1-3 优质宝贝主图示例

以上三大技能都掌握了吗？赶紧去检查您的宝贝主图，看看是否都做到了。

1.3　提升主图打开速度必备的大小调整技法

在整个宝贝详情页中，影响页面加载速度的因素主要是图片和视频，官方通过技术手段将视频与图片分开加载，因此实际上影响打开速度最大的因素是图片。

正常情况下，一个完整的宝贝详情页包含的图片少则几张，多则十几张甚至几十张，如果每张图的大小都是1MB（1MB=1024KB）以上，其打开速度可想而知，在十几亿的商品库中，同质化非常严重，相同的商品同期会有很多卖家在销售，您的页面打开慢，再碰上买家网速慢，他们根本不会等，您面临的直接结果就是超高的页面跳失率。

因此，卖家们需要将每一张上传到详情页中的图片的大小进行优化处理。

淘宝、天猫本身就是网站，卖家的店铺也好、详情页也好，都是该网站中的某个页面，上传到页面中的图片多属于平面图片，处理平面图片最专业、最常用的软件是Photoshop（简称PS），本书中所有涉及图片的处理，都将采用当前使用普及率较高的PS CS6版本进行操作演示。

> **小贴士**：1. 本书涉及的图片处理技巧多是针对具体问题的实操案例，侧重PS软件的综合应用，跟着步骤练习，独立操作没问题，本书较少涉及软件基础功能和其他类型美工问题的讲解。如果您在接下来的学习中遇到比较多的基础问题，建议您购买另外一本由六点木木老师编著的《淘宝天猫网店美工一本通:Photoshop图片处理+Dreamweaver店铺排版》，这本书包含PS图片处理、Dreamweaver（简称DW）网店装修排版，以及PS与DW在网店排版中的综合应用三部分，与本书结合起来学习，能帮您解决网店图片处理和店铺装修中的绝大部分问题。
> 2. 您也可以启动浏览器输入店址（mumu56.taobao.com）并按回车键打开，联系六点木木老师为您推荐适合的PS视频教学课程。
> 3. 本书配套的所有案例的练习素材，请从本书前言的"读者服务"链接中下载，边学边练，即学即用！

前文1.2节中介绍了比较多电脑端和手机端宝贝图片的尺寸要求、大小要求、优化建议，这里希望大家彻底搞清楚并解决以下两个问题。

第一个问题：如何制作限定宽高尺寸的图片，如何调整已有图片的尺寸？

情形一：想在PS中新建一个800像素×800像素的空白文档，把已有的素材拉进去排版。

重点分析：新建空白文档涉及平面图片的宽高尺寸、单位、分辨率的设置。

PS软件处理步骤如下：

01 启动Photoshop，执行"文件"→"新建"命令，或者同时按【Ctrl】+【N】组合键，弹出"新建"对话框，如图1-4所示。将"宽度"和"高度"修改为800，单位选择"像素"，"分辨率"采用默认的72或者修改为96，"颜色模式"采用默认的RGB颜色。

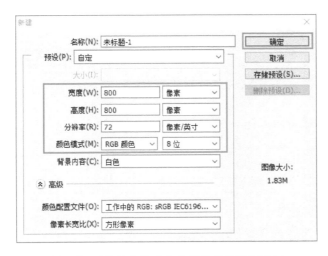

图1-4　PS软件新建空白文档的参数设置窗口

02 单击"确定"按钮完成创建，把其他素材添加到空白文档中，按需排版。

03 执行"文件"→"存储为"命令，将排版完成的效果图存储为.jpg或.png格式。

> **小贴士**：除非您制作的图只需要黑白灰三种颜色，否则"颜色模式"一定不要选择"灰度"。网店中用的图片采用RGB颜色模式。

情形二：希望将尺寸为632像素×632像素的图片调整成750像素×750像素。

重点分析：图片由小变大，像素点不够，会变得模糊，如果调整前后的像素差距比较大，建议抠图换背景或者重新构图排版；调整前后的像素差距不是很大，可以直接调整"图像大小"。

PS软件处理步骤如下：

01 启动PS，执行"文件"→"打开"命令，弹出"打开"对话框，单击选中素材图"1.3.1印花衬衫.png"并单击"打开"按钮；继续执行"图像"→"图像大小"命令，弹出"图像大小"对话框，如图1-5所示。将"宽度"和"高度"修改为750像素，单击"确定"按钮（请确保"缩放样式"和"约束比例"被勾选，否则图片容易变形）。

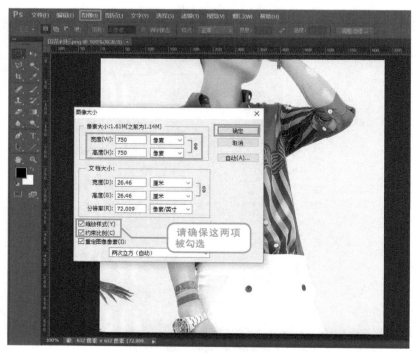

图1-5　利用PS修改图像大小

02 执行"文件"→"存储"命令，将修改效果保存。至此，修改完成。

第二个问题：图片大小具体指什么，如何优化图片大小？

在PS软件中，图片大小取决于下面4个因素：图像大小、画布大小、文档大小、品质大小。前文我们强调的"建议单张图控制在300KB左右，能很大提升页面加载速度"，"300KB"是指图片的大小。如何调整图片大小呢？

下面教大家两种利用PS软件处理的方法。

方法一，步骤如下：

01 启动PS，打开素材图"1.3.2凉鞋.jpg"，原图品质为258KB，不做任何修改，执行"文件"→"存储为"命令，弹出"存储为"对话框，如图1-6所示。重新修改"文件名"，比如"1.3.2凉鞋-修改品质.jpg"，"格式"选定"JPEG"，单击"保存"按钮。

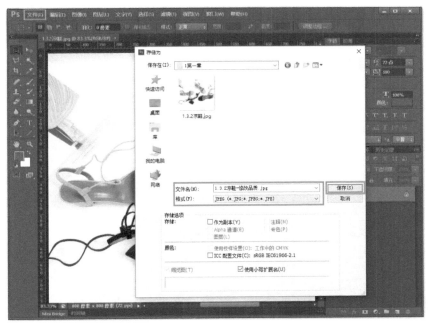

图1-6　利用PS修改图像品质大小

02 弹出"JPEG 选项"对话框，如图1-7所示。勾选"预览"，单击选中基线（"标准"），从右往左一格一格地移动"品质"滑块，或者直接手动修改品质值，比如10，单击"确定"按钮，完成修改。

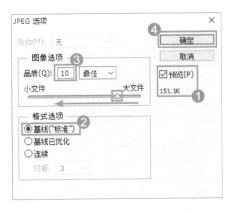

图1-7　从右往左修改品质参数值

方法二，还是以素材图"1.3.2凉鞋.jpg"为例，步骤如下：

01 启动PS打开"1.3.2凉鞋.jpg"，不做任何修改，执行"文件"→"存储为Web所用格式"命令，弹出"存储为Web所用格式"对话框，如图1-8所示。将格式设置为"JPEG"，手动输入"品质"值或者单击下拉箭头，从右往左移动滑块调整至满足要求，单击"存储"按钮。

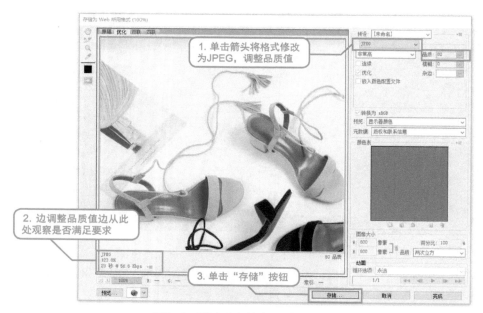

图1-8   通过"存储为Web所用格式"调整品质

02 将优化结果存储为"1.3.2凉鞋-修改品质2.jpg"。至此，使用第二种方法调整品质完成。

使用两种方法调整品质的核心为：从大往小调整，在保证图像清晰度的前提下，品质越小越好！

1.4   正方形主图制作速成技法

很多场景下，比如使用手机、单反、数码相机拍摄，图片都是宽高不等的长方形，再加上拍摄时的背景不同，导致成像后图片的复杂程度不同，因此需要根据图片特点选用不同的处理方法。

　　不管图片复杂与否，掌握规律与技巧，触类旁通，都可以灵活应对！通过多年的经验积累，六点木木老师总结了三大技巧，帮助大家快速制作正方形主图：1. 基础做法，直接在拍摄原图上按尺寸要求裁剪；2. 进阶做法，根据图片背景特点，扩展或修补画布；3. 高手做法（对PS水平要求较高），综合应用抠图换背景、等比例缩放、图像合成等对图像进行二次改造。

　　下面我们用三个案例演示三种技巧的处理步骤，把不同类型长方形的图片处理成正方形主图。

　　案例一，直接裁剪，步骤如下：

　　01　启动PS，打开素材图"1.4.1男鞋.jpg"，调出标尺并将标尺单位修改为像素，把左下角显示的"文档大小"修改为"文档尺寸"，如图1-9所示，如此可以直观地看到素材图原始尺寸为1920像素×1280像素。

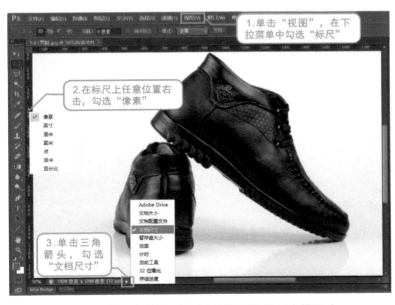

图1-9　打开素材图，调出标尺并设置显示文档尺寸

　　02　单击选中"裁剪工具"，修改其参数为"1x1（方形）"，接着在裁剪框内单击，将需要保留的区域拖动至框内，单击"√"完成裁剪，如图1-10所示。

　　03　执行"图像"→"图像大小"命令，弹出"图像大小"对话框，将"宽度"和"高度"修改为800像素，单击"确定"按钮。

　　04　执行"文件"→"存储为"命令，弹出"存储为"对话框，将"文件名"修改为

"1.4.1男鞋800x800.jpg"，单击"保存"按钮，弹出"JPEG选项"对话框，按需调整品质大小。

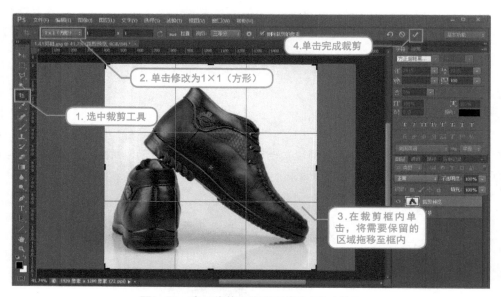

图1-10 选用裁剪工具对图像进行1x1裁剪

至此，原图为1920像素×1280像素的图片轻松处理成800像素×800像素的正方形。

案例二，扩展修补画布。任何图片处理之前都应该先分析，有些图片直接裁剪不合适，也没必要大刀阔斧地重新改造，对画布进行扩展后修补背景是不错的选择。下面看一个看案例，处理步骤如下：

01 启动PS，打开素材图"1.4.2拉杆箱.jpg"，原始尺寸为750像素×1125像素，执行"图像"→"画布大小"命令，弹出"画布大小"对话框，如图1-11所示。将"宽度"修改为1125像素，"画布扩展颜色"修改为"其他"，弹出"拾色器"对话框，用吸管工具在图片背景上吸取颜色，参考颜色值为#a29fa8，单击"确定"按钮完成画布调整。

02 单击选中"裁剪工具"，设置其参数为"1x1(方形)"，单击并拖动调整裁剪框至合适大小，如图1-12所示，在裁剪框内双击确定裁剪。执行"图像"→"图像大小"命令，弹出"图像大小"对话框，将"宽度"和"高度"修改为800像素，单击"确定"按钮完成图像大小调整。

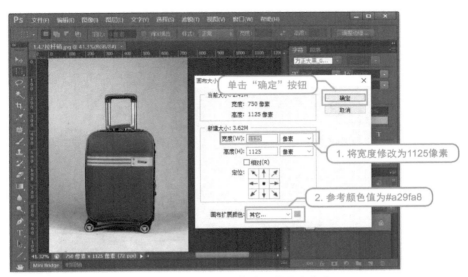

图1-11　打开素材图1.4.2拉杆箱并调整画布大小

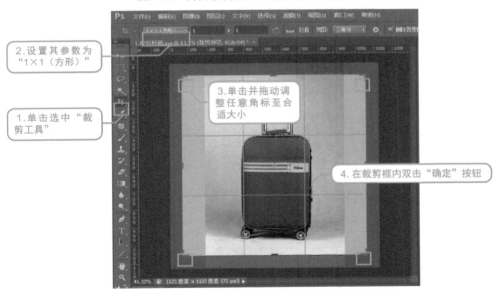

图1-12　用裁剪工具裁剪至合适比例并调整图像大小为800像素×800像素

03 单击选中"仿制图章工具"，按需调整其"大小"和"硬度"，如图1-13所示，多次调整仿制源，将左右两侧纯色背景区域处理成拉杆箱的背景。

04 用"仿制图章工具"处理完成后，或多或少会有个别细节需要再次微处理，继续选用"污点修复画笔工具""修复画笔工具"或"修补工具"处理细节，如图1-14所示。处理完成后执行"文件"→"存储为"命令，保存为"1.4.2拉杆箱800x800.jpg"，完成处理。

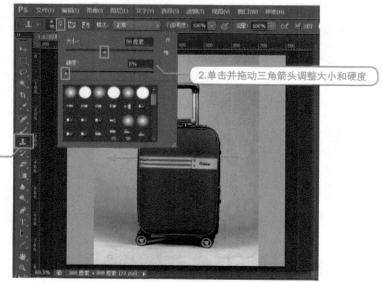

图1-13　用仿制图章工具修补背景

图1-14　选用修复、修补工具微处理细节

案例三，有些图片相对复杂，需使用PS软件更多的功能综合处理例如，图1-15是素材"1.4.3连衣裙.jpg"处理前后的效果对比，这个素材我们只需把尺寸处理成800像素

×800像素，原图的色彩、点缀树叶等都要保留。处理思路：先抠出人物主体和树叶，再调整画布大小，处理背景颜色，最后调整图像大小，保存。

图1-15　素材图"1.4.3连衣裙"处理前后对比：综合应用抠图、调整画布、蒙版、调色等技巧

步骤如下：

01 启动PS打开素材图"1.4.3连衣裙.jpg"，按【Ctrl】+【J】组合键得到副本"图层1"；在"快速选择工具"上右击并选中"魔棒工具"，将其属性设置为"添加到选区"，"容差"设置为15；在背景上多次单击，创建背景选区；在背景选区上右击，在展开的右键菜单上单击"反向选择"，最终创建的人物和树叶选区如图1-16所示。

图1-16　复制背景得到副本图层1并对其创建人物和树叶选区

02 单击"调整边缘"，弹出对话框如图1-17所示，调整参数，用"调整半径工具"涂抹人物和树叶周边，清理原图背景残留的杂色，单击"确定"按钮得到一个新的带有蒙版的图层。

图1-17   用"调整边缘"处理选区边缘杂色

03 在工具箱中设置前景色（#8ea4b2）和背景色（#96adbb）；执行"图像"→"画布大小"命令，修改"宽度"为1125像素，画布扩展颜色选择"背景"；新建空白"图层2"，用"渐变工具"将其填充为前景色到背景色的线性渐变，结果如图1-18所示。

图1-18   设置前景色和背景色、调整画布、新建空白图层并填充渐变

04　单击选中"图层1副本"，按【Ctrl】+【J】组合键两次，得到"图层1副本2"和"图层1副本3"，依次选中这三个图层的"图层蒙版缩览图"，用黑色画笔工具涂抹。分别保留人物、右侧树叶、顶部树叶，如图1-19所示，用"移动工具"分别拖动图层摆放至合适位置。

图1-19　创建多个图层把人物与树叶分开

05　将"图层1"眼睛图标打开，拖动至顶层，把人物右侧飘逸的发丝单独选出来并清理背景杂色，如图1-20所示。执行"图像"→"图像大小"命令，把尺寸调整为800像素×800像素，保存，处理完成。

图1-20　处理发丝，调整图像大小为800像素×800像素

通过上述三个案例可以看出，不同图片的复杂程度不同，处理方法不同，最关键的是学会分析图片，再结合处理需求，恰当选用PS的相关工具。建议看完后多多练习，掌握技巧，处理时灵活变通！

1.5　学会这个技巧，你的主图更清晰，摆脱模糊变形

作为美工，处理图片后不变形、不模糊是最基础的必备技能。不变形的核心技巧是时刻记住等比例调整，当然，特殊效果需变形处理另说，图1-21中第二张图片就是原本正常的沙发被处理得变了形，丢失了正确的比例。

图1-21　等比例与非等比例处理对比

不管是长方形的图片处理成正方形，还是本书后面其他类型图片的处理，如果处理前后只差几个像素，比如745像素×756像素处理成750像素×750像素，可以在修改"图像大小"时直接把"约束比例"和"缩放样式"的打钩去掉，将"宽度"和"高度"改成750像素，处理后变形较小，在可接受范围内。反之，如果处理前后的像素差距较大，应按需选用1.4节讲的方法，要么等比例调整图像大小，要么扩展修补画布，要么抠图重新改造或更换背景。

淘宝、天猫网店支持的.jpg/.png/.gif格式都是位图，即像素点构成的图像，常规调整（比如修改图像大小）时不管放大或缩小，像素点都会产生变化，造成清晰度发生改变，为了保证清晰度，下面推荐两种处理技巧。

第一种技巧，将图像转换成智能对象，再处理大小。如图1-22所示，使用PS软件打开素材图"1.5.3空调被.jpg"，在"背景"图层标题上右击，在打开菜单中单击"转换为智能对象"，然后按【Ctrl】+【T】组合键自由变换，再进行放大或缩小，图像无明显损失。

图1-22　将图像转换为智能对象

　　第二种技巧：执行"文件"→"置入"命令；在抠图换背景、多图拼接的时候，部分素材需单独放大或缩小，此时将要处理的部分"置入"转换成智能对象，也能保证清晰度，如图1-23所示。如果对图像的品质大小没特殊要求和限制，建议选用上述技巧处理完成后，最终将图像存储为.png无损格式；有图片大小要求的，尽量存储为.jpg格式。

图1-23　将图像转换为智能对象

1.6   逆袭秘诀之正方形图片快速处理成长方形图片

对于宝贝图的需求很明确——处理成正方形，其他很多位置使用的图片是长方形，比如店铺装修所需的海报图。当您有一张正方形的图需要处理成长方形时，处理技巧也是遵循"先分析再处理"的流程。虽然不同的图有不同的个性特点，但在处理技巧上依旧有规律可循。

我们在淘宝上随意找了4张代表不同类型处理方法的正方形宝贝主图，要求处理后保留原图风格，并分别处理成950像素×500像素的海报图。下面依次讲解思路和方法，希望大家可学会处理类似问题。

案例一，背景与构图相对简单，如图1-24所示。通过分析发现，原图"1.6.1防晒衣.jpg"的背景虽然不是单一颜色，但颜色渐变相对简单，如果希望等比例处理后保留原图色调，有两种处理方法：1. 将原图"背景"图层解锁，新建空白图层填充原图背景色作为新背景层，扩展画布至950像素x500像素，等比例缩小解锁的原图图层并移动至合适位置，合并两个图层，局部、多次建立选区修补背景；2. 新建950像素x500像素的空白文档，将原图置入，等比例缩小移动至合适位置，局部、多次建立选区修补处理背景。

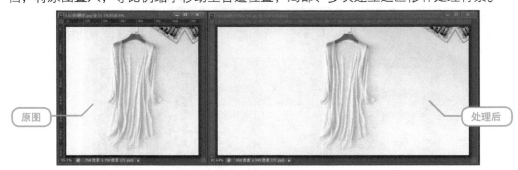

图1-24   等比例调整原图后重新布局

案例二，背景都是实物且构图中的素材被截断，只显示一部分，如图1-25所示。考虑到800像素×800像素的原图"1.6.2空调衫.jpg"在950像素×500像素的新文档中等比例缩小后，左下角的架子与右上角的凳子、地垫都被截得不完整了，在无法获取素材实物原形的情况下，利用PS软件重塑细节比较费劲，推荐使用相似素材替换被截断的部分，这是最快捷的做法。

处理过程：新建950像素×500像素的空白文档，将原图"1.6.2空调衫.jpg"置入并等比例缩小，建立左下角架子的选区并拖动至新文档的左下角，与左边线对齐。新建空白图层作为新背景层，延长墙角线，修复填补墙面背景与地面背景，擦除原图右侧的凳子、地垫、花瓶，可在网上搜索查找适合的凳子/地垫/花瓶素材图下载，将素材图分别抠图后拖动至950像素×500像素的文档中，分别调整大小，移动摆放位置，添加阴影或投影，使其更自然。

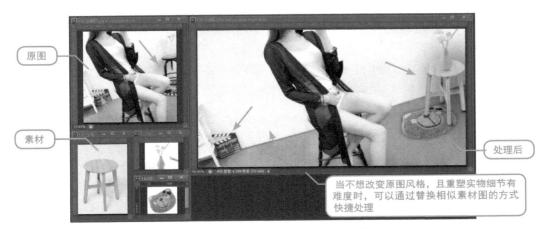

图1-25　在原图基础上延伸、修复、填补背景并替换素材图

　　案例三，原图背景修改或重塑比较耗时，建议选用相似背景素材图并抠图替换，如图1-26所示。在网上搜索大海、沙滩岩石素材图下载备用。

　　处理过程：新建950像素×500像素的空白文档，将原图"1.6.3男裤.jpg"置入，等比例缩小并移动摆放至合适位置，为该图层添加"图层蒙版"，选中"图层蒙版缩览图"，用黑色画笔涂抹隐藏背景中海水的部分；置入提前下载的海水素材图并将该图层拖动至原图图层下方，等比例调整至满意大小；置入提前下载的沙滩岩石素材图并将图层拖动至顶层，为该图层添加"图层蒙版"，选中"图层蒙版缩览图"，用黑色画笔涂抹隐藏不需要的部分。

图1-26　选用与原图类似的素材图合成，最终保留原图风格

案例四，利用PS软件重新制作相似背景，如图1-27所示。

处理过程：新建950像素×500像素的空白文档，选中"渐变工具"，设置渐变色（颜色值参考本章素材"1.6案例四渐变颜色.grd"），先对"背景"图层执行设定颜色的"线性渐变"操作，再继续执行"滤镜"→"杂色"→"添加杂色"命令，"数量"设置为4%左右；置入原图"1.6.4行李箱.jpg"，等比例缩小，移动摆放至合适位置，为该图层添加"图层蒙版"，选中"图层蒙版缩览图"，用黑色画笔涂抹隐藏该图层的背景和文字部分；再次置入原图，用相同的"图层蒙版"方法涂抹隐藏文字以外的部分。

图1-27　重新制作与原图类似的背景

> **举一反三**：任何一张成品图，不管它的构成复杂与否，都可以大致拆分成4类元素：背景、主体（比如人物、服装、商品等）、文案、点缀素材。把正方形的图片处理成长方形图片时，最容易碰到尺寸不够、尺寸过大、有截断等问题，只要学会上述4种方法，今后灵活处理不成问题。

> **小贴士**：本章素材文件夹中提供案例一至案例四的.psd源文件，供大家练习时参考。

1.7　学会这十种方法，再也不担心主图点击率

1.2节我们详述了宝贝主图的重要性，建议大家要有大局观，布局适用于多渠道展现的宝贝主图，相信各位已经清楚宝贝主图对店铺流量和销售转化率的重要性。

当大家按照优化建议去执行后，首先关注"主图点击率"，而点击率与竞争环境息

息相关。不同的展示渠道会形成不同的竞争环境，比如在淘宝网首页通过"宝贝"搜索"钢化水凝膜"的结果页，就是一个竞争环境。卖家想从这个竞争环境中获得宝贝点击，有两个关键影响因素：契合买家需求，与同行的差异性。

"契合买家需求"淘宝平台已经自动筛选完成，因为只有与关键词"钢化水凝膜"匹配且符合搜索规则的宝贝才会被展示。

"与同行的差异性"如何体现？图1-28是我们根据以往多年实战经验总结的打造主图差异性的10种方法。这些方法有个性，也有共性，结合商品本身特点，每一种方法灵活变通可以组合出非常多的主图效果。

图1-28 打造主图差异性的10种方法

下面以"草帽"为例，分解不同卖家使用不同方法呈现的效果。当然，商品种类繁多，卖家自身的资源优势和资金实力不同，有的卖家更看中前期摄影，有的卖家更喜欢后期处理，加上不同商品适合的方法也不同，无法面面俱到，我们选用的50个案例旨在帮助大家开阔视野、扩展思路。

方法1，静物拍摄的案例如图1-29所示，静物拍摄常用挂拍、摆拍、平铺拍，通过简易场景搭建，拍摄出无需过多处理的商品图片。

图1-29 打造主图差异性方法1的案例

方法2，室内摄影棚拍摄的案例如图1-30所示，摄影棚拍摄对于小宗商品，比如服饰、日用品、箱包、化妆品、珠宝首饰等特别适用，商家根据自身商品特点，搭建摄影棚或租用摄影棚，搭配道具拍摄图片。

图1-30　打造主图差异性方法2的案例

方法3，室内实景拍摄的案例如图1-31所示，实景是指非刻意营造的空间，比如咖啡厅、办公室、餐厅等，能拍摄出更真实的使用场景。

图1-31　打造主图差异性方法3的案例

方法4，室外实景拍摄的案例如图1-32所示，室外实景用于商品拍摄同样精彩，并且采用的商家越来越多，构图取景相当考验摄影师的功底。

图1-32　打造主图差异性方法4的案例

方法5，利用道具营造视觉差异的案例如图1-33所示，多数时候方法与方法之间可以互通，也可以选用一种方法通过不同的道具、布景拍摄出不同的效果。

图1-33　打造主图差异性方法5的案例

　　方法6，卖点文案差异的案例如图1-34所示，当自己的产品与竞品在款式、颜色、用途、用户群定位方面都差不多的时候，主图上卖点文案的差异性特别重要，如果您正打算购买一顶遮阳帽，图1-34中哪个文案更吸引您呢？

图1-34　打造主图差异性方法6的案例

　　方法7，构图排版差异的案例如图1-35所示，不管是前期拍摄，还是后期处理，构图都很重要，如果前期拍摄得到的样片质量高，后期处理相对轻松；反之，对后期处理的技术要求更高。

图1-35　打造主图差异性方法7的案例

　　方法8，背景/背景颜色差异的案例如图1-36所示，同样是带花朵的草帽，不同的背景营造的感觉不同，第三张"真人实景+使用体验呈现"更有代入感，更容易引起买家对使用场景的想象，点击率会更高。有时不刻意去追求主图的"艺术效果和处理技术"，简单随性的拍摄效果更能打动买家的心！

图1-36　打造主图差异性方法8的案例

　　方法9，多颜色对比差异的案例如图1-37所示，当产品存在多颜色时，在前期拍摄或后期抠图拼接中，把多种颜色在一个画面中呈现，给买家更多的选择空间也是不错的方法。

图1-37　打造主图差异性方法9的案例

　　方法10，突破常规的案例如图1-38所示，魔法大布娃娃家的主图在草帽类目绝对算得上典范，任何时候看都眼前一亮，超有个性，艺术范儿十足，但六点木木认为，任何商品的"包装"不应该脱离实际使用价值，极少买家会愿意用超出市场均价几倍的钱为创意买单，毕竟它只是草帽而已，不是艺术品。

图1-38　打造主图差异性方法10的案例

1.8　主图卖点挖掘提炼与呈现技巧

　　什么是卖点？百度百科用了很长的篇幅介绍，大家可以去查询阅读。如果用三言两语概括，我们认为卖点是产品与生俱来的特点、特色，是区别于竞品，消费者为什么买它的理由。任何商品的卖点提炼都应该以商品本身为主体，不能脱离其本身。任何夸大、虚假、违背事实的卖点描述一定会被消费者抛弃！

　　以"四件套"为例，它的卖点可以是品牌（如水星、罗莱、多喜爱）、风格（如简约、田园、欧美风、古典民族风、卡通）、适用床宽尺寸（如1.0m床、1.2m床、1.5m床、1.8m床）、材质（如棉、蚕丝、亚麻、苎麻、羊毛）、款式（如床单式、床笠式、床罩式、折叠式）、面料密度等。

　　任何商品的卖点提炼都有规律可循，通过六点木木多年实战经验，推荐大家从以下维度提炼卖点：外形款式、功能、使用体验、服务、促销、价格、风格、工艺、定位、历史情感等。

有的同学会问：这个技巧是不是太笼统了？拿到一个商品，依旧无从下手。问这个问题的同学，一定是实战经验太少，或者刚涉足此类工作。那么，再教一个更具体的做法：从卖家中心发布宝贝的"宝贝属性"中提炼，以"冰箱"为例。

01　启动浏览器，输入淘宝网网址（www.taobao.com）并打开，用卖家账号登录，单击"卖家中心"。

02　单击左侧导航"宝贝管理"中的"发布宝贝"，在新开页面中依次单击选中类目"家用电器-大家电-冰箱"，单击"我已阅读以下规则，现在发布宝贝"按钮。

03　在宝贝详情填写界面找到"宝贝属性"，如图1-39所示，从参数中挑选出重要的、竞争对手没有重点推荐的属性添加到主图中去。

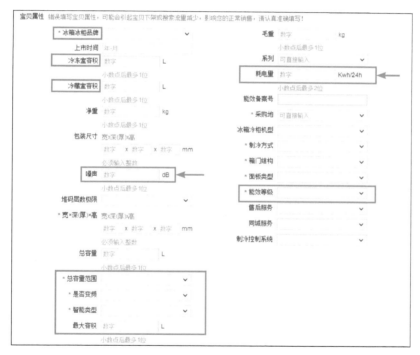

图1-39　大家电冰箱的宝贝属性

不管是淘宝的还是天猫的商家，用这种方法都可以找到各自商品最精准的参数。当用了这种方法后，你会发现一下子能提炼出很多卖点。如何组合卖点呢？怎么挑选更适合的卖点放到主图上呢？

大家要明白：主图卖点没有固定约束和标准，并且卖点不是只能用文字，前期拍摄时应该从呈现卖点的角度去构图、取景，后期处理时用文字、色彩、标注等辅助增加卖点。根据经验，推荐主图呈现2至5个卖点为佳，且应该有侧重或主次。优秀卖点呈现的主图案例如图1-40所示。

制作此类主图对PS软件技术要求较高，常用图片合成、抠图换背景、字体及应用文字特效、调色、校色等技术。

图1-40　优秀卖点呈现的主图案例

小贴士：有的同学会想：用卖点挖掘的方法找出商品20多个卖点，主图上只用了几个，剩下的怎么办呢？

要知道，一个完整的宝贝详情页中，可以添加卖点的属性包含：宝贝标题、宝贝卖点、电脑端/手机端宝贝图片、宝贝描述。而宝贝主图的展示渠道最多，是最重要的引流要素，所以把最具竞争力的卖点呈现在主图上，其他卖点可以在标题、描述中添加。

1.9　手机端主图特点，与电脑端主图的区别

电脑端宝贝图片在浏览器中查看，手机端宝贝图片在APP"手机淘宝"（包含淘宝卖家、天猫商家的商品）或"天猫"（只有天猫商家的商品）中查看，如果您还不知道这两个APP，从"应用商店"中搜索下载安装。以天猫商家同一个商品在两种终端上呈现的效果为例，二者区别如图1-41所示。

因为无线终端（手机/平板电脑）屏幕更小，能展现的要素更精简，第一张宝贝主图尤为重要，不管是与电脑端共用的主图还是独立上传的主图，都要正方形，建议尺寸为750像素×750像素或800像素×800像素。

图1-41　同一个宝贝在电脑端浏览器上与"手机淘宝"APP上的效果对比

　　设计制作主图时，在保证尺寸符合要求的前提下，商品主体尽量完整，四周尽量"留白"，文案信息尽量不要放在顶部或两侧，如图1-42所示。每一台智能手机的桌面顶部65像素内一般显示手机固有图标，有些机型桌面顶部还会有一条半透明的背景，在这个位置添加文字会被不同程度地遮挡且显得杂乱。

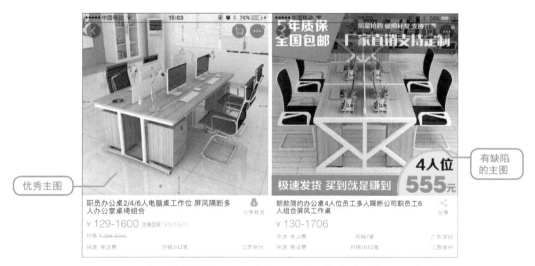

图1-42　主图优化建议：四周留白，顶部65像素内尽量不要放文字

　　主图上添加的文字不要太大也不要太小，以常用的尺寸800像素×800像素、分辨率72像素/英寸为例，字号选用48～80点最佳，如图1-43所示。非要在顶部放置文字的话，建议尽量选用推荐字号区间中更大的值，且简明扼要，字数不宜过多。

图1-43　手机端主图文字优化建议：字号48～80点之间为佳

1.10　看完就下单的手机端主图发布技巧

　　1.2节至1.9节依次讲解了发布手机端宝贝图片的基础规则、制作时的优化建议、提升图片加载打开速度的制作方法、如何提升主图点击率、怎么挖掘宝贝卖点并选用关键卖点呈现到主图上等，这些都是提升宝贝排名、增加曝光展现、提高点击率的具体方法。然而光有这些还不够，还要想办法提升转化率，促成尽量多的买家下单购买。

　　根据淘宝、天猫规则，发布宝贝时应该以商品所在精准类目为准，目前少数类目有电脑端和手机端宝贝图片的上传入口，如图1-44所示，多数类目仅有电脑端。当没有手机端上传入口时，与电脑端共用；如果有，因为不是必填项，可以不填，可以复制电脑端图片，或者单独上传新图。

　　因为电脑端的第1张"宝贝主图"具备"通用"属性，所以很多时候我们强调它的重要性且对它重点优化。有些卖家认为：既然只有电脑端第一张图是加*必填的，那我只填第一张图就好了吧！这样行不行呢？从发布规则上来说，可以；但从优化、利于销售的角度，绝对不行！也有些卖家很重视第1张主图，后面几张图虽然添加了但很随意，没有目的性。

　　受屏幕大小限制，手机端的5张宝贝图片不能像电脑端一样提供缩览图，必须滑动屏幕才会切换显示。另外消费者在手机端网购的时间更碎片化，节奏比较快，更偏好收藏宝贝、加购物车、快速下单，卖家优化宝贝时更应该瞄准这些特点，尽量在最短的时间内打动买家。

> **优化技巧**：5张图都当作主图来做，第1张图侧重引流，后4张图侧重转化，尽量用5张图让买家看上，并产生销售。心理变化过程是：产生好感 → 深入了解 → 不错，符合我的需求。

卖家处理过程：提炼商品卖点，收集素材、PS软件制作、从卖家中心后台添加发布。

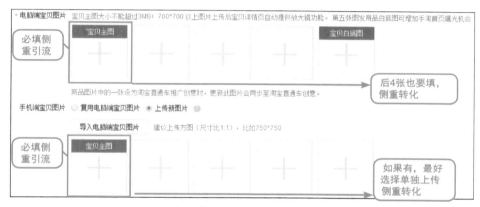

图1-44　电脑端、手机端宝贝图片的上传入口

下面列举几个月销量1万件+宝贝在手机端主图上的优化技巧以及技巧背后的思考逻辑。

图1-45是月销量7.8万支的口红，这款单品一共有9种颜色，对买家来说最大的痛点是"选择困难"，对卖家来说最大的痛点是"不知道买家喜欢哪种颜色的情况下9种颜色如何备货？库存不好把握"。

卖家解决方案：帮买家做决定，选一个主打色并结合促销+搭配，引导买家购买库存多的几种颜色，化被动为主动（当然，主打色不能随便选，要结合市场大数据）。

主打07#豆沙色，给它的定位是"日常百搭"，促销活动"第二支1元"，当您打算买两支时，最佳搭配04#蔷薇粉，另外07#豆沙色与01#珊瑚色、02#南瓜色搭配也非常清爽，最后如果您不喜欢推荐的几种颜色，咱们这个宝贝共9种颜色，总有适合的。

接下来神奇的事情发生了：原本买家、卖家都有痛点，这样一套组合拳下来，买家"选择困难"问题解决。按卖家的引导逻辑，重点选购07#、04#、01#、02#，且多数买家选购多支，不但解决了库存备货问题，客单数也嗖嗖往上涨！

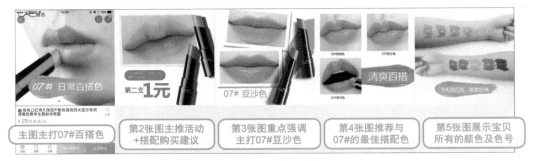

图1-45   口红案例

图1-46是月销8.5万盆的绿萝。买家网购绿植最在乎的因素分别是价格、是否包邮、是否栽好、绿植长势如何、如何养护、运输时间（几天内送达）、收到时坏了或蔫了怎么办。

该卖家在第1张主图上重点强调55珠（很茂盛）、带盆栽好、价格实惠7.6元/盆、3盆包邮、下单免费送接水托盘、送挂钩、长藤大叶且长势良好，后面4张图也着重强调破损补寄、反复强调涨势良好、有赠品，很大程度上解决了买家担忧，如果能把第3张图换成强调"养护技巧和运输时间"会更完美。

图1-46   绿萝案例

图1-47是月销1.5万件的摩托车电动车雨衣。购买这类雨衣买家最关心是否安全、质量怎样、够不够大、穿脱是否方便、是否质优价廉等。

该卖家采用"真人使用实拍"，第一眼就引起买家对使用场景的想象，第1张主图直击买家痛点"脸和脚容易湿"，保证遮面和遮脚，并且具备夜间360°反光功能，夜间行车更安全；第2张图重点介绍面罩帽檐功能，有买家会担心面罩起雾影响视线，咱们产品有专利，空气流通不聚雾气，可拆卸和更换，帽檐还有反光包边，夜间行车更安全，另外还可戴头盔、戴眼镜；第3张图重点强调夜间反光，正反面使用实拍，所见即所得；第4

张图强调雨衣的防水面料，高端提花、加厚防风透气、坚固耐用、不开裂、不发硬、抗老化，5种颜色可选；第5张图强调尺寸、选购建议。

您没想到的功能咱们产品有，您担心的问题咱们产品能完美解决，关键是价格亲民，才几十块钱，5张图看完，是不是特别想来一件呢？哪怕自己不骑电动车也没有摩托车，也想拍一件送朋友，送亲人！

这就是合理利用5张主图的魅力！在非常短的时间内给买家非买不可的理由！

图1-47　摩托车电动车雨衣案例

小贴士：不同商品的卖点不同，侧重点不同，卖家应该透过现象看本质，先搞清楚买家痛点是什么，再从解决痛点角度去呈现商品卖点。很多时候，作图是为了解决某个问题或者更好地呈现商品卖点，放在宝贝主图位置上的任何一张图、图上的任何一个字，都应该有目的性。

1.11　电脑端和手机端主图排版字体使用规范

字体不是从树上长出来的，也不是从地下冒出来的，它们全部是由字体设计师设计绘制而成的。PS软件本身不带字体，但工具箱中有"文字工具"，可以创建编辑文字，如图1-48所示。

每一种字体被设计出来，都有其特征和韵味，如图1-49所示，不同场景选用不同字体能起到不同效果。当然，每一种字体都有知识产权，网上很多公开字体可以免费使用，也可以付费购买字体或者找公司定制个性字体。

图1-48　PS软件有文字工具，但不带字体

汉仪新蒂唐朝体	汉仪菱心体简	汉仪太极体简
颜真卿颜体	柳公权柳体	陈代明硬笔体
方正粗活意简体	欧阳询书法字体	方正汉真广标简
八大山人字体	汉仪圆叠体简	迷你简细行楷

图1-49　字体特征

　　非商业用途，下载免费字体就行。常用途径为从百度（www.baidu.com）搜索下载，常见字体格式有.ttf、.eot、.otf、.woff、.svg等，下载后复制并粘贴到电脑"控制面板"→"字体"中即可。字体安装成功后，有字体功能的软件都可以使用，比如PS、Word、PPT、Excel等。

　　不管是电脑端还是手机端的第一张主图，建议添加文字时遵循三大原则：字数少、字体清晰可辨认、字号恰当。文字应用优秀的主图案例如图1-50所示。美工常用字体推荐：方正、微软、汉仪、造字工房等，也有书法字体、英文字体等，按需下载。

图1-50　字体应用优秀的主图案例

1.12　引流必备的宝贝白底主图的制作技巧

电脑端宝贝的第5张图片，上传商品白底图可以增加在"手机淘宝"首页的曝光机会，官方的说法为"有机会"，意味着不一定能曝光。

如果卖家希望把5张宝贝图片的后4张用作转化，而不想争取这个曝光机会，那不管它，按自己的想法即可。如果做了主图视频且视频中考虑了转化因素，或者希望去争取这个曝光机会，就要考虑制作白底图以及它的规则。

"手机淘宝"首页上大部分商品会针对不同的用户需求推荐不同的宝贝入口图，千人千面并且所见即所得，大家看到的商品都不同。

例如：买家对女装比较感兴趣，那么"手机淘宝"首页就会尽量展现相关品类的入口图，同时为了保证所见即所得，在点击各个商品进入详细页面后，入口宝贝都会在首屏有对应的推荐位，如图1-51所示。点击首页"爱逛街"的连衣裙，新开页面有这个连衣裙单品的推荐位。

图1-51　白底图在"手机淘宝"首页的曝光位置

所以，如果能出现在手机淘宝首页，不仅可以获取大量精准的曝光流量，还会获得该宝贝置顶的额外流量。买家是看到入口图吸引进来的，那么对应宝贝的点击购买转化率可想而知会非常高！

官方对手机淘宝首页"有好货、必买清单、Ｉ Fashion"等渠道的白底图制订了相关规则，具体如下。

1. 必须为白底图；

2. 图片尺寸要求：必须为正方形，图片尺寸必须为800像素×800像素；

3. 图片格式为JPEG，图片大小需大于38KB且小于300KB；

4. 无LOGO、无水印、无文字、无拼接、无牛皮癣，无阴影；最好将素材抠图，边缘处理干净；

5. 图片中不可以有模特，必须是平铺或者挂拍，不可出现衣架、商品吊牌等；

6. 商品需要正面展现，不可侧面或背面展现；

7. 图片美观度高，品质感强，商品展现尽量平整；

8. 构图明快简洁，商品主体突出，要居中放置；

9. 每张图片中只能出现一个主体，不可出现多个相同主体；

10. 图片中商品主体完整，充满整个画面，不要留白边。

正确和错误的商品白底图案例示范如图1-52所示。

图1-52　正确和错误的商品白底图案例示范

达到官方白底图制作要求，最好的方法就是，前期拍摄商品图片时按要求取景，能用白色背景最好，拍摄后期处理时只需按要求裁剪尺寸，调整品质大小。非白色背景也行，利用PS软件处理。下面教大家一种通用的使用魔棒工具快速制作白底图的方法，步骤如下。

01 启动PS，打开原始尺寸为1200像素×970像素的素材图"1.12.1短上衣.jpg"，选中"裁剪工具"，将原图裁剪成800像素×800像素的正方形，如图1-53所示。

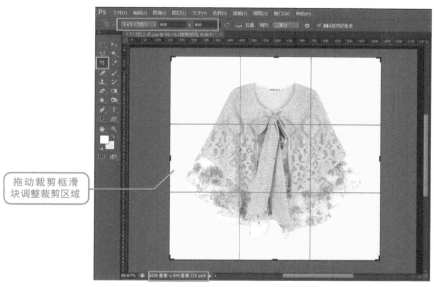

拖动裁剪框滑块调整裁剪区域

图1-53　打开素材图并裁剪成800像素×800像素

02　选中"魔棒工具"，将其属性设置为"添加到选区"，"容差值"改成20，在背景任意位置单击，选中所有的背景颜色，将"背景颜色"设置为白色#ffffff，如图1-54所示。

2. 将其属性设置为"添加到选区"

1. 选中"魔棒工具"

5. 将背景颜色设置为白色#ffffff

3. "容差值"改成20

4. 在背景任意位置上单击，选中所有背景颜色

图1-54　选中魔棒工具，设置容差值，选中背景

03 按【Ctrl】+【Delete】组合键将选区填充为白色背景色，按【Ctrl】+【D】组合键取消选区。执行"文件"→"存储为"命令，在新开的"存储为"对话框中将"格式"修改为JPEG，将"文件名"修改为"1.12.1短上衣800x800.jpg"，单击"保存"按钮，新开"JPEG选项"对话框，将"品质"调整至满足要求的值，单击"确定"按钮。至此，快速制作白色背景完成，如图1-55所示。

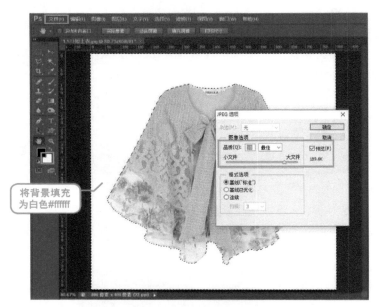

图1-55   将背景填充为白色，存储为JPEG格式，调整品质大小满足要求

> **小贴士：** 使用魔棒工具快速建立背景选区并填充白色是快速制作白底图最简单的方法，其核心在于创建完美选区；对于纯色背景，多次调整容差值至满意即可。而那些非纯色背景的图，除了用魔棒工具，还可以用快速选择工具、多边形套索工具、钢笔工具等辅助创建选区。请活学活用！

1.13   实操案例：拼接类型主图的速成制作技巧

体现主图差异性的时候常用拼接类型的主图，例如图1-56所示。从PS技术角度看，主要包括原图自然融合拼接、格子拼接、抠图换背景合成拼接三大类。

图1-56　拼接类型的主图案例

第一种类型"原图自然融合拼接"处理起来相对简单，如图1-57所示。把素材"1.13素材-8.jpg"中正面和背面拼接到800像素×800像素的主图中，主要使用图层蒙版技巧。

处理实例：启动PS，打开素材图"1.13素材-8.jpg"，新建800像素×800像素的空白文档；用"矩形选框工具"分别绘制宝贝正面和背面选区，分别复制并粘贴到空白文档中，得到"图层1"和"图层2"；选中"图层1"，按【Ctrl】+【T】组合键自由变换，等比例调大并移动摆放至合适位置；选中"图层2"，为其添加"图层蒙版"，选中"图层蒙版缩览图"，用黑色画笔涂抹边界使其与"图层1"背景衔接自然；最后添加文字和点缀，完成。练习时参考源文件"1.13.1拍摄原图自然融合拼接.psd"。

图1-57　第一种类型"拍摄原图自然融合拼接"

第二种类型"格子拼接"更简单，如图1-58所示。只需事先想好格子如何划分，用几张图拼接，然后分别将素材图复制并粘贴到空白文档，等比例处理大小即可。如果需要精确尺寸的格子，可以借助参考线。练习时参考源文件"1.13.2格子拼接.psd"。

图1-58 第二种类型"格子拼接"

第三种类型"抠图换背景合成拼接"相对复杂些，对于有复杂背景的素材图不方便后期合成，需要先抠图处理，再把抠图后的图层复制并粘贴到新文档里，做等比例调整，如图1-59所示。

处理实例：用前文1.4节案例三"魔棒工具+调整边缘"的抠图方法分别将4张宝贝图抠出来；新建800像素×800像素的空白文档，分别将带蒙版的抠图后的图层复制并粘贴到新文档中；依次等比例调整各图层大小，并移动摆放至满意位置；最后存储成JPEG格式并调整品质大小，完成。练习时参考源文件"1.13素材-2.psd""1.13素材-3.psd""1.13素材-6.psd""1.13素材-7.psd"和"1.13.3抠图换背景合成拼接.psd"。

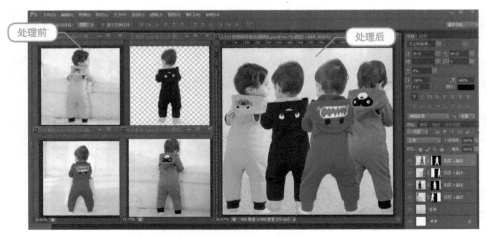

图1-59 第三种类型"抠图换背景合成拼接"

第2章

淘宝、天猫宝贝规格图片的设计制作

2.1 添加"宝贝规格"图片的重要性

"宝贝规格"是发布宝贝时的重要属性之一，不同类目"宝贝规格"所对应的参数不同，我们从淘宝卖家中心随意截取了吊带/背心/T恤、空调、羽毛球三个类目的填写界面，如图2-1所示。虽然多数类目这一块不是必填项，但很多商品存在区间价，希望完整展示的话，又不得不填写。

从搜索优化的角度，正确规范填写宝贝规格相关参数，有助提升宝贝曝光机会，增加流量；从提升成交转化率的角度，它是非常重要的导购工具。因此，强烈建议大家：在发布商品时，以自己宝贝所在类目为准，凡是可以上传图片的，全部添加。

多数类目在"宝贝规格"下都有"颜色分类"或"颜色"这个参数，勾选时，文字必须填写，图片选填；当二者同时填写，优先显示图片。其导购作用最大的好处在于"所见即所得，帮助买家快速对比差异，快速做出购买决策"，有多个颜色分类时，买家下单购买时必须选中一项。

图2-2中左侧的男士针织衫同时添加了文字和图片，当买家想买"黑色短款"时，单击分类小图，主图的位置会放大显示"黑色短款"的大图；而右侧的女款打底衫只填写了文字，没上传图片，主图是粉红色款，当买家想买白色款时，无法第一时间看到并与粉红色款对比，非得再次将页面拉到下方的详情描述部分查找，卖家这个小小疏漏，违背了高效购买的原则。

如果您以前不知道这一点，或者这个参数没引起足够的重视，现在，希望您重新查看每一个宝贝，认真把每一张分类图添加好。

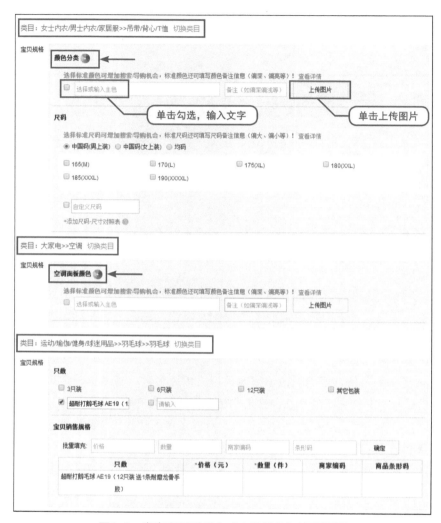

图2-1 发布宝贝时后台"宝贝规格"填写界面

图2-2 宝贝规格-颜色分类，重要的导购作用

2.2 设计制作宝贝规格图片的尺寸规范

单击分类小图，会在主图的位置放大显示，考虑电脑端和手机端的兼容问题，建议大家将分类图制作成750像素×750像素的正方形。

第1章里面讲了很多主图优化技巧，虽然分类图在主图位置放大显示，但其最主要的作用是引导买家正确下单，所以，分类图无需过多优化，只要每一张图的尺寸符合要求，品质大小控制在300KB左右，需强调或特别说明的地方使用PS软件处理，添加上文案就行。比如图2-3是天猫某壁纸卖家对分类图的处理技巧：同时添加文字和图片，每一张分类图的尺寸为750像素×750像素，并且都添加壁纸型号和颜色，起强调提醒作用。

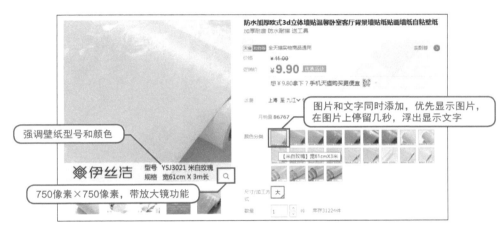

图2-3 壁纸卖家分类图的处理技巧

当然，在处理分类图时，除了简单地添加文字信息，还可以使用PS软件的抠图换背景、多图拼接技术，把促销、优惠等信息添加上来。比如图2-4所示的太阳镜，该卖家就使用了此类技术，从分类图上可以清晰理解：此款太阳镜男女适合，且该分类是砂金框、海蓝偏光片，送夜视镜和太阳镜，从这些信息层面，买家能非常轻松地对比自己想要哪一款太阳镜，快递到手后包含哪几样商品。

同类商品，别人销量好，您的不好，这些就是差别，您是否透过现象看清了本质？您是否已经知道如何优化改进您的描述和图片呢？请立即动手去执行！

另外，不是所有类目的商品都能上传分类图，也不是所有类目的商品都适合上传分类图。比如图2-5所示的窗帘，此类定制商品对尺寸要求很高，一旦买错了，不支持退货退款，买卖双方都有损失，所以使用精准的文字描述最合适。

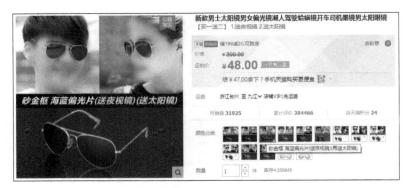

图2-4　案例：使用多图拼接技术制作的分类图

大家在发布商品时，要充分考虑自己的商品特性，合理选用。

图2-5　不是所有类目都适合上传分类图的案例

2.3　案例：PS处理宝贝规格图片的实操过程

宝贝规格中主要添加分类图，绝大多数卖家都将拍摄原图直接裁剪成正方形，适当添加文字信息，调整品质大小，这些简单步骤在第1章案例中都有涉及，如有遗忘，可以再重新温习几遍。比如，您是卖女士手提包的，某款包包有黑色、绿色、灰白色、红色，您只需每一种颜色拍一张图，简单处理后上传。

有些商品用拍摄原图无法吸引买家购买或者无法让买家直观地看到差异，需要对图片进行更进一步的处理。下面以"口红"为例，演示其分类图的处理过程，步骤如下。

01 启动PS，打开练习素材"2.6口红.jpg"和"嘴唇1.jpg"，新建750像素×750像素的空白文档；将口红抠取出来成为单独图层，复制并粘贴到空白文档，分别为图层添加"投影"图层样式；将嘴唇素材图复制并粘贴到空白文档，摆放至合适位置，如图2-6所示。

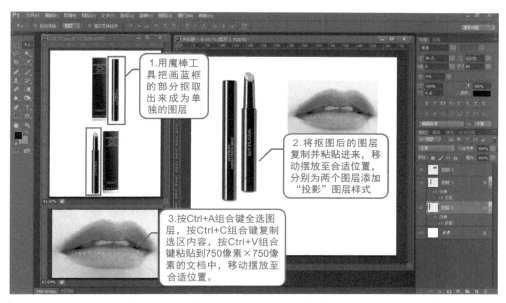

图2-6　把抠图后的口红和嘴唇复制并粘贴到750像素×750像素的空白文档中

02 新建空白图层用于制作背景色块，用矩形选框工具绘制矩形选框，用油漆桶工具填充口红颜色#e73f58，执行"滤镜"→"马赛克"命令，继续执行"滤镜"→"杂色"→"添加杂色"命令；给嘴唇上色：选中"嘴唇"图层，用钢笔工具描出嘴唇路径，转换成选区，新建空白图层，将选区填充成口红颜色#e73f58，把图层混合模式改成"颜色"，添加图层蒙版，在图层蒙版中用黑色画笔涂抹掉牙齿上的颜色，如图2-7所示。

03 用文字工具添加文案信息，如图2-8所示，最后存储为.jpg格式，调整品质大小，处理完成。

当然，篇幅有限，旨在以点带面地教会大家分类图的处理技巧。该案例中给嘴唇上色最关键的步骤是：将图层混合模式改成"颜色"，如果口红有多种颜色，只需用其他颜色填充即可。今后需要给图片上色都可以使用此类技巧。

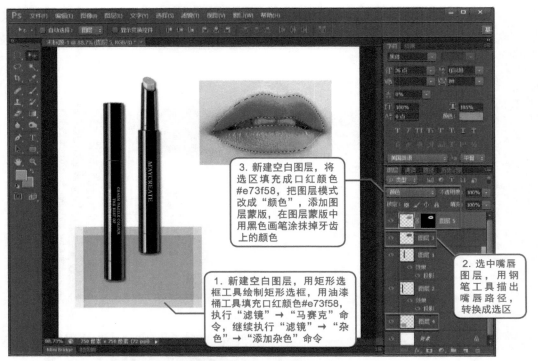

图2-7　新建色块背景，建立嘴唇选区填充口红颜色

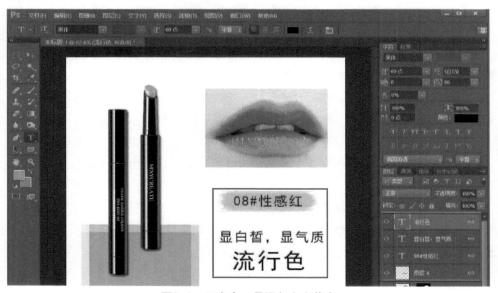

图2-8　用文字工具添加文案信息

2.4 上传宝贝规格图片的重要技巧

我们反复强调：不同类目"宝贝规格"的具体参数不同，有些类目无法上传分类图，如果您商品所在类目不能上传，忽略这点，优化其他细节。如果您商品所在类目可以上传，请按前文介绍的技巧和注意事项操作。

事实上，只要搞清楚"宝贝规格"发布前与发布后的逻辑关系，正确无误地添加分类并不难。对大多数商品而言，分类不多，处理起来相对简单；而有些卖家的有些商品，分类繁多，有些虽然上传了分类图，但没有库存无法购买，如图2-9所示的四件套，如何实现呢？

图2-9 分类繁多的案例：四件套

推荐步骤：

1. 在卖家中心发布宝贝的第一步，精确找准类目，看看宝贝规格有哪些属性。以"四件套"为例，精准类目是"床上用品>>床品套件/四件套/多件套"，宝贝规格有"适用床尺寸""颜色分类（可上传分类图）""自定义宝贝规格"三项。

2. 仔细分析自家的四件套，有哪几种尺寸，每一种尺寸有几种花色。比如分析后得出：适用1.2m（4英尺）床、1.5m（5英尺）床、1.8m（6英尺）床、2.2m（7英尺）床；每种尺寸有58种花色，为了区别58种花色，事先各自命名，如夜空之星、三生三世、倾城之恋，等等。

3. 将58种花色的四件套各自拍摄图片，取其中一张处理成750像素×750像素、品质不超过300KB的正方形分类图，并各自命名，以备选用。

4. 在发布宝贝界面"宝贝规格"处，依次勾选"适用床尺寸"，勾选并填写颜色分类文字，上传分类图，依次填写价格和库存，效果如图2-10所示，所有加红色*的项为必填项，否则无法成功发布。

图2-10　勾选尺寸、输入颜色分类文字、上传图片、填写价格和库存

小贴士：成功发布一个完整的宝贝详情，最耗时的是图片部分，因此，建议大家发布之前先看看自家商品的精准类目，搞清楚哪些位置需要图片，需要什么尺寸的图片，整个宝贝信息填写界面从上到下需要哪些文案，事先准备好所有的图片和文案，再一气呵成填写发布。

淘宝、天猫的卖家中心，用账号和密码登录一段时间后，超时会自动退出，如果您一边填写一边想文案，一边又去PS处理图，等您想好和处理好再回来填写时，账号退出了，提示您要刷新一下页面，结果一刷新，之前填写的没保存，又得重来，费时费神！

第3章

淘宝、天猫电脑端宝贝描述图设计制作

3.1 电脑端宝贝描述图的整体布局排版技巧

发布宝贝时电脑端描述的填写界面如图3-1所示，官方提供了两种编辑方式：使用文本编辑（默认）和使用神笔模板编辑（单击切换）。

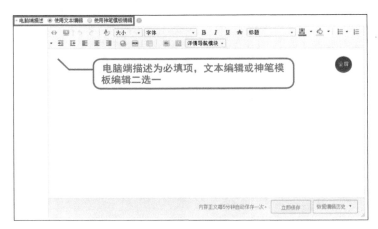

图3-1 发布宝贝时电脑端描述填写界面

使用文本编辑：官方仅提供了一个空白编辑框，支持添加文字、插入表情、上传图片、为文字图片添加超链接、插入表格、可对文字图片表格进行简单排版，也支持html表格代码。可塑性很强，卖家可根据自己的想法在允许框架内自由发挥。

使用神笔模板编辑：该模板是由淘宝神笔提供的详情页装修模板，卖家按需选用，有付费的，也有免费的。具体用法在本书第5章详解。

　　根据多年经验，我们建议：有 PS 基础的读者，可以使用文本编辑，不管灵活性还是后续修改维护都相对简单；新手或希望快速解决问题的卖家，可以选用神笔模板编辑。当然，两种方式的用法我们都会介绍，学会后按需选用。

　　使用文本编辑时，主要是图文排版，可以直接在编辑框中输入文字插入图片，边做边排版（因编辑框功能有限，此方法耗时长且效果不一定理想，不推荐）；也可以使用 PS 软件图文排版生成图片后统一上传。

　　确定使用文本编辑，用 PS 软件排版后，新的问题又来了：空白编辑框从上往下，依次添加哪些内容才更容易让买家购买咱们的商品呢？

　　六点木木编著的《淘宝开店从新手到皇冠：开店+装修+推广+运营一本通（第2版）》一书中对宝贝详情优化技巧做了深入分析和讲解，其中关于宝贝描述这块，通过分析买家从认识商品到最终购买的心理变化，我们得到了一个能促进成交转化率的宝贝详情描述排版引导逻辑：引发兴趣→激发潜在需求→从信任到信赖→强烈想占有→替买家做决定。

　　在这个宝贝详情描述排版逻辑中，从上往下应该包含以下要素：

　　*1. 店内活动促销图/关联营销；

　　 2. 当下宝贝的焦点图/促销图/整体图（引发兴趣）；

　　*3. 产品定位的目标顾客群设计（这产品谁用）；

　　 4. 产品使用场景图（激发潜在需求）；

　　*5. 商品细节图（逐步信任）；

　　*6. 为什么要买（好处/痛点设计）；

　　 7. 同类商品对比（不比不知道，一比知高下）；

　　 8. 已经购买使用过的买家评价、消除反对意见（产生信任）；

　　 9. 商品的非使用价值，情感注入（比如送人有面子，有了这个产品可能会发生哪些有趣的故事）；

　　 10. 拥有后的感觉/激发身临其境的想象空间（给买家一个100%可以购买的理由）；

　　*11. 给一个为什么马上买的理由；

　　 12. 品牌介绍、企业介绍、厂房介绍、仓库介绍、各种证书（实力证明）；

　　*13. 购物须知（邮费、发货时间、包装、退换货保障、售后"零"风险承诺等）。

　　不同类型商品描述的侧重点都有所不同，建议加*为必选项，其余为可选项，结合自己的商品特点，做出高转化率的商品详情描述介绍页面。接下来，直接准备素材，在 PS 软件中编辑排版即可。

　　每一个宝贝的详情描述图肯定比较多，可以分开做，也可以全部制作在一个长图上，如图3-2所示。从上往下依次排版，把每一类别的图层分别放在不同的"图层组"内，全部排版完成后，存储为.jpg格式的长图，再对该长图进行切片。

　　淘宝卖家电脑端宝贝详情描述图尺寸要求：固定宽750像素，高不限，建议单张图品质大小控制在300KB以内，在保证清晰度的前提下，品质越小越好。

　　天猫商家电脑端宝贝详情描述图尺寸要求：固定宽790像素，高不限，建议单张图品质大小控制在300KB以内，在保证清晰度的前提下，品质越小越好。

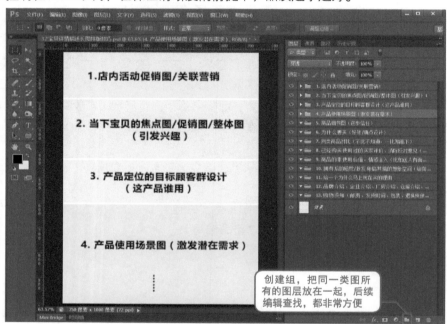

图3-2　电脑端描述长图排版技巧

3.2　案例：关联推荐模块图设计制作

　　关联推荐，顾名思义就是将相同或类似的宝贝放在一起，分别加上链接，如果买家没有看中当前宝贝，增加关联推荐宝贝后，买家可以单击选购其他宝贝。

　　在PS软件中制作关联推荐模块时，最主要的问题是"如何排版"，图3-3是不同类型的排版格式，可简单，也可复杂。简单的就直接放商品图片，或者图片+价格、图片+标题，复杂的就是把排版做得漂亮精美一些。

　　关联推荐的主要作用是给买家多提供几个选择，不建议放太多，3～9个其他宝贝最佳。整个关联推荐图也不建议放太多，如果放太多，会干扰买家正常了解当前宝贝，甚至可能被官方降权，得不偿失。

图3-3　案例：关联推荐模块图的排版格式

如果您店内的商品比较多，做的关联推荐图也比较多，推荐先做一个固定格式的模板，再选用不同的宝贝图替换，一是给买家相同的视觉感知，一看就知道是关联推荐的其他宝贝；二是这种方法快捷高效，能节约制作时间。下面演示关联推荐模板的制作步骤，以淘宝详情宽750像素为例。

01 启动PS，按【Ctrl】+【N】组合键新建750像素×660像素、颜色模式RGB的空白文档，单击工具箱中的"背景色"，将其颜色设置为# abede6，按【Ctrl】+【Delete】组合键将"背景"图层填充为背景色；选中"移动工具"，从"标尺"中拖出水平、垂直各一条参考线，分别用"文字工具""椭圆工具""直线工具""自定义形状工具"添加促销文案信息，效果如图3-4所示。建议边做边保存，将其存储为"3.4案例：关联推荐模板.psd"（文字仅供参考，练习时可修改）。

02 图层面板中单击"创建新组"按钮，添加新组并命名为"右上分类推荐"；创建新的空白图层，命名为"左上1"，选中"矩形选框工具"，绘制宽140像素、高120像素的长方形选框，将该选框填充为白色#ffffff。

在图层"左上1"的下方创建新的空白图层，命名为"左上1边框"，单击选中该图层，按【Ctrl】键的同时单击图层"左上1"的"图层缩览图"，调出其选区，在选区上右击，在弹出的右键菜单中单击"描边"，设置参数"宽度"为1像素、"颜色"为#074a89、"位置"为居外，单击"确定"按钮。

将事先准备好的凉被素材图复制并粘贴进来成为新的图层，拖动至图层"左上1"的上方，命名为"凉被小图"，单击选中该图层，并在该图层名称处右击，在弹出的右键菜单中单击"创建剪贴蒙版"，按【Ctrl】+【T】组合键自由变换，等比例调整该图层大小，并用"移动工具"微调至满意位置。用"文字工具"添加说明性文字，比如"凉被"，用"移动工具"拖动至满意位置。

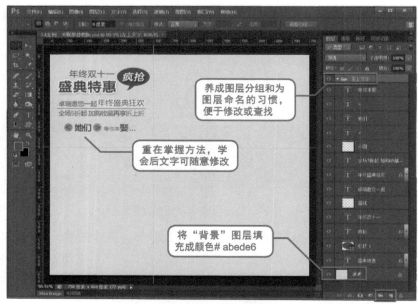

图3-4 新建空白文档，填充背景色，添加促销文案

按【Ctrl】键的同时分别单击图层"左上1边框""左上1""凉被小图""凉被"，将其全部选中，单击"图层"面板左下方的"链接图层"按钮，将其链接起来，做好的效果如图3-5所示。

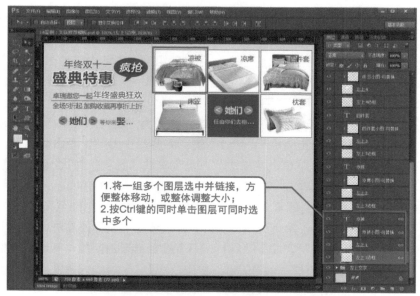

图3-5 添加新组，新建空白图层，添加6组分类小图

用相同的步骤和方法，再添加5组小图，或者选中链接的4个图层将其复制5次，分别修改图层名称，替换小图。

03 创建新组并命名为"单个宝贝推荐"，新建空白图层并命名为"大图1"，用"矩形选框工具"绘制230像素×230像素的正方形选区，填充颜色#ebedab；继续新建空白图层，放在"大图1"下方，命名为"大图1边框"，为其描边。

将事先准备好的宝贝主图复制并粘贴进来成为新的图层，重命名为"推荐宝贝主图1"，将其拖动至图层"大图1"上方并创建剪贴蒙版，按【Ctrl】+【T】键自由变换，等比例调整其大小，用"移动工具"微调至满意位置。

将三个图层"大图1边框""大图1""推荐宝贝主图1"选中，链接起来。用"文字工具"添加价格、短标题、点击引导词等，并将多个图层链接起来。

将两组链接的图层全部选中，按【Ctrl】+【J】组合键两次，得到两组新的副本图层，用"移动工具"水平拖动至图3-6所示的效果，分别对新的副本图层重命名，用另外两张宝贝主图替换图层"推荐宝贝主图2"和"推荐宝贝主图3"；修改价格和短标题。至此，制作完成。

将最终效果存储为.jpg格式，调整品质大小在300KB以内。

图3-6　添加新组，添加3组宝贝单品

> **小贴士：** 在这个案例中，最重要的环节是创建剪贴蒙版。将其称为模板，是因为每一个推荐图的尺寸固定、位置固定，剪贴蒙版的图层可随意替换，文字也可以随时修改。
>
> 网店在经营过程中，经常会大量作图，希望大家学会这种技巧，将大量可能重复的内容做成模板，需要的时候直接套用，简单修改即可。
>
> 很多时候，作图要与网店整体色系统一，颜色也不能随便乱用，涉及可能修改颜色的地方，也可以用形状图层，便于后期随时替换。
>
> 素材文件夹中提供该案例的源文件"3.4案例：关联推荐模板.psd"，供课后练习参考。

3.3　案例：当前宝贝的焦点图设计制作

　　宝贝焦点图是指详情描述中能第一眼抓住买家眼球，让其有欲望继续往下看的图，一般放在详情描述靠前的位置。图3-7是不同类目下淘宝、天猫商家的卷发棒、蓝牙音箱、投影仪、沙发垫的焦点图，作为买家，第一眼看到这样的图文展示，一定想继续往下了解该宝贝的更多介绍；对卖家而言，这张焦点图就完成了它的使命。

图3-7　淘宝、天猫卖家宝贝焦点图案例参考

　　实际着手去做这张图时，真正的难点是：把什么样的内容放在焦点图上？

　　要解决这个难点，您自己或者您的美工设计师一定要非常了解产品，了解产品针对的目标人群最关心什么，然后将其提炼、设计和制作出来。

　　第1章教了大家卖点提炼技巧，按技巧提炼出来的卖点肯定比较多，而核心卖点可以反复多次在不同位置以不同形式（视频、图片、文字等）呈现，所以在焦点图上也可以考虑呈现核心卖点。下面以"新生儿抱被"为例，演示焦点图的设计和制作的全过程。

A. 准备阶段：分析商品、提炼核心卖点、准备素材图。

产品关键词：新生儿抱被。

卖点：秋冬、加厚、天然彩棉无印染、符合国家A类标准、透气吸湿、三角帽防风设计、立体卡通图案、前襟双开拉链设计方便把尿，轻松换尿布、小开口设计保暖不钻风、侧翼粘扣设计，包裹更轻松、进口缝纫技术，反复机洗不变形不跑棉不起坨、定制夹棉亲肤透气恒温储热……

家长最关心：使用是否方便、秋冬是否透气保暖、材质面料是否安全、款式好不好看。

核心卖点：前襟双开拉链设计方便把尿，轻松换尿布、小开口设计不钻风、三角帽防风设计、定制夹棉亲肤透气加厚保暖、天然彩棉无印染、符合国家A类标准。

所需素材图拍摄：拍摄角度重点体现前襟双开拉链设计。

B. PS制作步骤如下：

01 启动PS，按【Ctrl】+【N】组合键新建750像素×1360像素的空白文档；在"图层"面板中创建组并命名为"宝贝图"；打开素材图"3.8素材1.jpg"，复制并粘贴到新文档中得到新的图层，将其命名为"抱被主图"，为该图层添加"图层蒙版"并单击选中"图层蒙版缩览图"，设置前景色为黑色#000000，用"画笔工具"涂抹隐藏不需要的背景。

添加新组，命名为"主文案"，用"文字工具"添加事先提炼的核心卖点文案信息，适当排版并添加小图标作为点缀，效果如图3-8所示，存储为"3.8 案例：新生儿抱被焦点图.psd"。

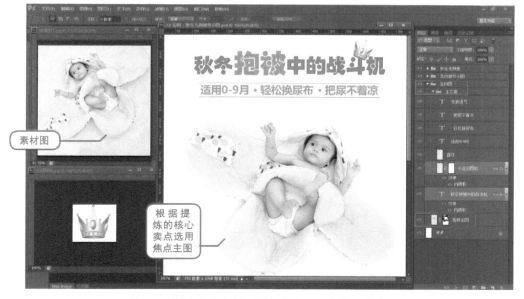

图3-8 新建空白文档，添加焦点主图和核心卖点文案

02 创建新组，把事先准备好的素材图复制并粘贴进来，等比例调整大小，添加标注和卖点文案信息，效果如图3-9所示。

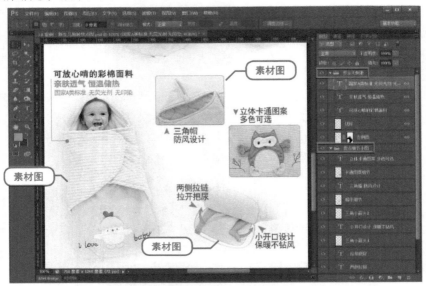

图3-9　创建新组，添加买家关心的几个卖点并合理排版

03 将最终效果存储为.jpg格式，调整品质大小在300KB左右，在保证清晰度的前提下，品质越小越好，最终效果如图3-10所示。至此，处理完成。

> **小贴士**：制作焦点图有两大难点环节：一是准备阶段分析消费群喜好，总结、提炼、抓取商品的核心卖点；二是利用PS软件制作时如何排版构图。大道至简，大家只需站在买家角度思考问题，用主次分明的方式呈现即可。

图3-10　案例：新生儿抱被焦点图最终效果

3.4　案例：宝贝定位类型图片的设计制作

宝贝定位是指对商品适合的人群进行划分，使目标消费群清晰明确。只有您自己定位明确，表述清晰，真正有此类需求的买家购买转化率才会特别高。

比如，电饭煲的选购热点分为小容量、大容量、迷你、智能、全自动、预约定时、婴儿煲；按人群细分可针对学生、上班族、家用、宿舍、婴幼儿、老年人。"宝贝定位类型图片"就是专门提醒目标人群、强调产品就是为他们量身制作的，图3-11是此类图的典型范例。

图3-11　案例：引自天猫电饭煲卖家的人群定位类图片

不同行业、不同类目的商品，定位不同、用途不同，我们只能以点带面地提醒您可以从这些方向去思考，告诉您这类图片可以提升宝贝的成交转化率，至于要不要设计制作出来并添加到详情描述中，还需卖家自己斟酌。

对于这类图，使用PS软件合成居多，下面给大家演示如图3-12所示的电热饭盒用途定位说明图的合成步骤。处理技巧包含：PS滤镜使用、图层排序、图层调色、图层蒙版、文字排版等。

图3-12　案例：电热饭盒用途定位说明图的合成

01　制作背景。启动PS，按【Ctrl】+【N】组合键新建790像素×850像素的空白文档；创建新组并命名为"背景组"，打开素材"3.12素材17.jpg"，复制并粘贴到"背景组"中成为新的图层，重命名为"粉色背景"，选中该图层并执行"滤镜"→"模糊"→"高斯模糊"命令；在"粉色背景"图层上方新建"色相/饱和度"调整层，选中该调整层并创建剪贴蒙版，使其调色效果只对"粉色背景"图层有效。

打开"3.12素材16.jpg"，复制并粘贴到"背景组"中成为新的图层，重命名为"台布"，等比例调整大小，添加"外发光"图层样式；新建"曲线"调整层放在"台布"图层上方，创建剪贴蒙版，使"曲线"的调整效果只对"台布"图层有效。做好后，如图3-13所示。

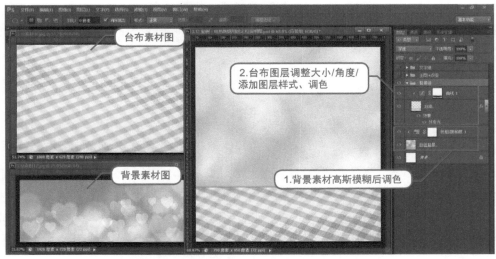

图3-13　新建790像素×850像素的空白文档，用素材制作背景

02 将商品图与食材图合成。创建新组并重命名为"主图+点缀"；分别打开素材"3.12素材1.jpg""3.12素材2.jpg""3.12素材3.jpg""3.12素材4.jpg"，分别抠图后将抠图完成的图层复制并粘贴到"主图+点缀"组内，分别重命名为"热饭锅""内胆""内胆2""内胆3"，用移动工具分别移动摆放成图3-14所示的效果。

打开"3.12素材5.jpg"，复制并粘贴到"主图+点缀"组内，放在"内胆"图层上方，重命名为"米饭"；按【Ctrl】+【T】组合键调出自由变换控件，等比例缩小至"内胆"图层的大小；为该图层添加"图层蒙版"，选中其"图层蒙版缩览图"，设置前景色为黑色#000000，用"画笔工具"涂抹隐藏米饭以外的内容；新建空白图层并命名为"热气大"，设置前景色为白色，用烟雾笔刷（素材文件夹中有，可直接导入使用）添加热气，营造热气腾腾的效果。

用相同的方法和步骤，将爆炒虾子和玉米排骨汤合成到图层"内胆2"和"内胆3"上方，新建空白图层并添加"热气"。

打开"3.12素材10.jpg"和"3.12素材14.jpg"，将其复制并粘贴到"主图+点缀"组内，适当处理后作为整图的氛围点缀，制作时参考图3-14内的图层命名和排序。

图3-14 将多个素材进行合成和排序

03 添加文案信息。用"文字工具"添加多个文字图层，并分别排版，效果如图3-15所示。在源文件"3.12 案例：电热饭盒用途定位说明图.psd"中可获取字体颜色、大小、图层样式等参数的具体值，供练习时参考。制作完成后，将效果存储为.jpg格式，调整品质大小在300KB以内。

图3-15　创建新组，添加文案信息

3.5　案例：宝贝使用场景图的设计制作

"使用场景"很好理解，其作用是给买家营造亲身体验的想象空间。比如服装类，真人模特实拍图，买家可以想象自己穿上的感觉；化妆品类，教买家使用方法和步骤的图，买家看了，商品买回去依葫芦画瓢自然就学会了用法；再如，太阳眼镜类，告诉买家钓鱼、郊游、开车、自拍、约会等时刻都可以佩戴，他们会觉得来一副也不错。

使用场景讲求恰当，餐厨用品在厨房、床上用品在卧室、室内绿植可以放阳台/书房/卧室/客厅、办公桌当然在办公室……人们对物品的"使用场景想象"有惯性思维，设计这类图时，要通过"氛围营造"去强调这种思维，图3-16是六组不同产品使用场景诠释的案例。

制作这类图时，从PS技术角度来说，并不复杂，技巧主要包含多图拼接+文字排版。难点在于商品拍摄和场景素材图的获取，以及把使用场景呈现出来的排版创意（图3-16的六组案例就是六组不同的排版创意）。

比如，图3-16中第一组牙膏架，一定是商品本身的使用实拍图，在PS软件中处理大小、添加文字时直接拿实拍图来用，如果没有实拍图，仅凭PS软件从零开始制作，非常耗时不说，水平不高还做不出来，这说明很多时候必须要有商品的实拍图。

图3-16 案例：引自淘宝、天猫不同卖家产品的使用场景图

再如，图3-16中第四组陶瓷香炉下方的办公室、书房、茶室、卧室四个场景图，不一定是卖家的实拍，可以从网上公开渠道下载素材图，处理尺寸后做拼接排版。所以当您打算制作场景图时，先思考商品图选用哪些、素材图选用哪些、采用什么样的排版创意。

下面来看一个案例："手表"要体现其防水性能，呈现方式比较多，把手表放水里、用杯子往手表上倒水、把手表放在开启的水龙头下面、下雨天佩戴、游泳时佩戴等，这些场景都是告诉买家手表的防水性能很好。以游泳佩戴为例，拍一张或者找一张角度合适的游泳图，手表是男款，素材用男士，再选一张手表实拍图，合成前后如图3-17所示。步骤如下。

01 打开PS，新建750像素×800像素的空白文档；打开"3.17素材1.jpg"复制并粘贴到空白文档成为新的图层，重命名为"游泳图"，按【Ctrl】+【T】组合键等比例适当缩小。

02 打开"3.17素材2.jpg"，用"魔棒工具"抠图，将抠图完成的手表图层复制并粘贴到第一步创建的空白文档内成为新的图层，重命名为"手表"；按【Ctrl】+【T】组合键，把手表旋转至合适角度并等比例缩小至图3-17所示的大小；为该图层添加图层样式"投影"；选中"手表"图层，按【Ctrl】+【J】组合键一次，复制并新建图层"手表副本"，适当修改副本图层"投影"样式的参数，使效果更逼真自然。

03 用"文字工具"添加文字信息，适当排版。制作完成后先存储为"3.17 案例：体现手表防水性能的场景图.psd"源文件（大家练习时可参考该源文件内的投影样式参数），再另存为.jpg格式，调整品质大小在300KB以内。

如果您的脑海中缺乏"排版创意"，可以先借鉴再创新。方法为：打开淘宝或天猫首页，搜索相关关键词，比如，您要制作电风扇的使用场景图，直接输入"电风扇"，在搜索结果中查看其他卖家的详情中有没有此类图，如果有，研究其排版是什么样的。多看多练习，熟能生巧。

图3-17　案例：体现手表防水性能的场景图

3.6　案例：宝贝细节图的排版制作技巧

一千个人眼中有一千个哈姆雷特，对于宝贝细节图，即使同一个宝贝让不同的美工来做，其结果也不同。所以细节图的制作没有统一标准，希望各位制作时用色、字号、排版等尽量美观、协调，多图拼接时，非特殊效果，尽量等比例处理。

图3-18是四类不同商品的细节图展示，使用PS制作时，建议先做成一个长图，最后根据成品决定是否切片。PS制作细节图主要技巧为图文混排，用得比较多的为等比例调整图像、点/线/圆/形状/色块的处理、尺寸标注、多图拼接、文字排版、色彩搭配等，这些都是PS软件的基本功能，如果您的基础比较薄弱，建议系统学习六点木木老师主讲的PS视频课程或者巩固复习《淘宝天猫网店美工一本通：Photoshop图片处理+Dreamweaver店铺排版》一书中的PS基础知识。

图3-18　案例：引自淘宝、天猫卖家的四类商品细节图

以女士牛仔裤为例，图3-19是已做好的一个750像素×3290像素的长图，制作步骤就不演示了，配套素材中有名为"3.19案例：牛仔裤细节图.psd"的源文件，大家练习时可以参考。

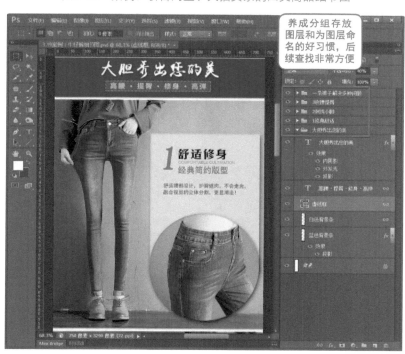

图3-19　案例：牛仔裤细节图

当制作的图的高度值比较大时，无法成功上传到宝贝描述中，需先切片再上传。切片的正确步骤如下。

01 在PS中打开"3.19案例：牛仔裤细节图.psd"，存储为"3.19案例：牛仔裤细节图.jpg"，在弹出的"JPEG选项"对话框中的"品质"选择"最佳"。

02 打开"3.19案例：牛仔裤细节图.jpg"，勾选"视图"→"标尺"，用"移动工具"从水平标尺中拖动出如图3-20所示的3条水平参考线；单击选中"切片工具"，单击"基于参考线的切片"按钮，将长图切成四个切片；执行"文件"→"存储为Web所用格式"命令。

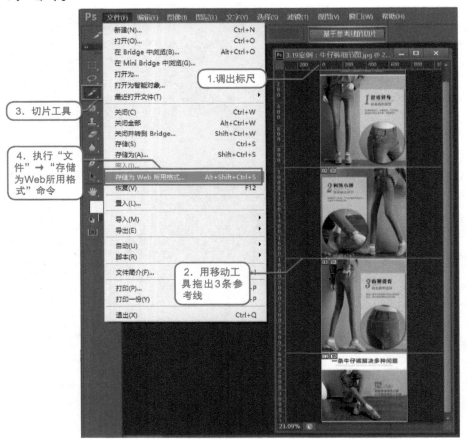

图3-20 用切片工具基于参考线切片，再存储为Web所用格式

03 在"存储为Web所用格式"的弹窗中，单击"原稿"，缩小视图，如图3-21所示，按住【Shift】键的同时多次单击选中所有的切片，将格式切换成"JPEG"，"品质"值修改成60～80之间，单击"存储"按钮保存切片。至此，处理完成。

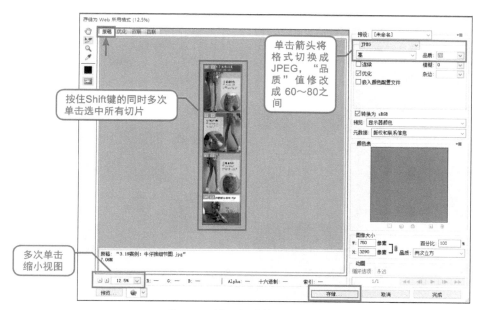

图3-21 设置切片格式和品质，保存切片

3.7 案例：好处/痛点类图片的设计制作

任何宝贝一定可以找出哪怕一个必须买的理由，这方面考验卖家提炼文案的能力，图3-22是引自淘宝、天猫不同卖家对商品好处、痛点的诠释图，多数商品的"好处"很好找，"痛点"仅适用少数类目。

来看一个女式羊毛衫的案例，提炼出的必买理由分别是：四季皆宜、15种颜色2种款式30种选择、工艺精湛、精选面料锁温透气。

制作思路：先准备素材图，再用PS处理。制作过程中需要的素材与处理后的效果如图3-23所示。

制作步骤：

01 启动PS，按【Ctrl】+【N】组合键新建750像素×3000像素的空白文档；创建新组，重命名为"四季皆宜"，打开"3.23素材.jpg"，复制并粘贴到"四季皆宜"组内成为新的图层，重命名为"挂拍图"。

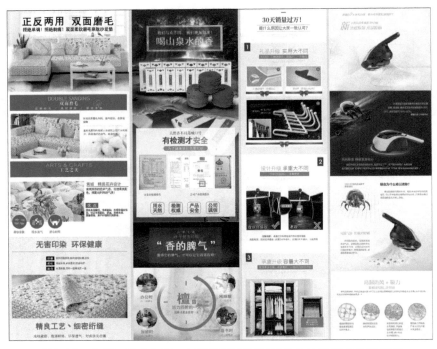

图3-22 案例：引自淘宝、天猫不同卖家对产品好处和痛点的诠释图

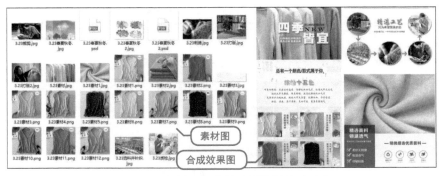

图3-23 案例：女式羊毛衫排版前后对比

小贴士：当不确定即将制作的长图高度时，可以先设置一个预估值，比如3000像素，制作时从上往下排版。如果高度值不够，通过执行"图像"→"画布大小"命令扩展高度。如果最后没用完，直接裁剪掉即可。

选中"自定义形状工具",设置其属性为"形状",选择不"填充","描边"设置为2点实线,选中"三角形"形状,然后绘制两个空心三角形颜色框、一个实色三角形,分别重命名并旋转角度至图3-24所示的效果。

用"文字工具"创建多个文字图层并排版,边做边保存,存储为"3.23 案例:羊毛衫非买不可的理由.psd"。文字样式的参数以及颜色、字体等信息练习时参考该PSD源文件。

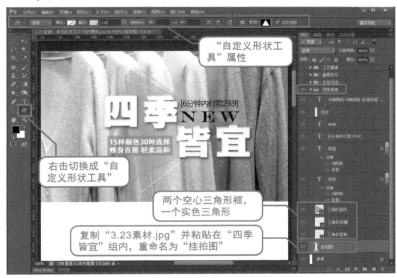

图3-24 新建750像素×3000像素的空白文档,创建新组并添加背景图和文字

02 创建新组并重命名为"多色可选";打开"3.23素材3.jpg",复制并粘贴到"多色可选"组内成为新图层,重命名为"文字背景",适当处理该图层的宽度和高度;用"文字工具"创建多个文字图层,添加文字信息,分别排版,效果如图3-25所示。

03 创建新组,重命名为"春夏秋冬",继续创建子组并分别命名;打开多张素材图,综合排版成图3-26所示的效果,用"直排文字工具"添加垂直方向的文字。

04 继续创建两个新组,命名为"工艺精湛"和"精选面料",用素材图和文字工具进行图文排版。处理完成后,存储为"最佳"品质的"3.23 案例:羊毛衫非买不可的理由.jpg"长图,再将长图切片后上传到详情描述中。

小贴士: 本书所涉及的PS技巧属于进阶提升,案例也重在讲解处理思路、方法和重要步骤,一些相同或类似的操作步骤比较简略,但每一个案例的PSD源文件和素材图都提供下载,供大家练习时参考。

如果您在看步骤的过程中存在疑惑,请打开PS软件,打开对应案例的源文件,相关步骤的参数设置看一遍就明白了。

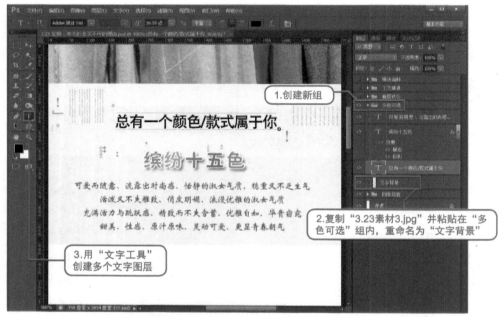

图3-25　创建新组，添加文字信息

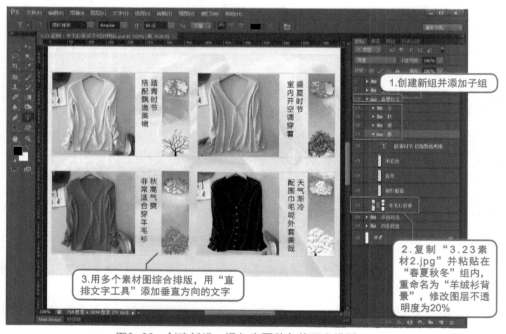

图3-26　创建新组，添加春夏秋冬的图文排版

3.8　案例：同类宝贝对比图制作技巧

　　俗话说"不比不知道，一比吓一跳"，网购时"百里挑一"是买家想做但又觉得耗时且麻烦的重要事情，谁都希望精挑细选的宝贝没看走眼。因此，谁先抓住这样的心理做出对比PK图，省去买家东挑西选的麻烦，快速建立信任，谁将赢得大批销量。

　　"对比"很好理解，您的东西比别家好，好在哪儿？产品更新换代，区别在哪儿？可以是同行竞品之间对比，也可以是自家产品升级前后对比；整理出一二三来，用PS软件排版制作即可。

　　图3-27左侧是某淘宝简易衣柜卖家对产品升级说明制作的对比图，右侧是天猫某鹅绒羽绒服卖家的用料对比图。从美工设计师的角度，大家一看细节图和文字的使用，二看色彩搭配、图文排版结构布局，对您自己制作这类图时有借鉴意义。

　　不同商品可以用来对比的角度各有不同，只要您足够了解自己的产品，足够了解同行竞品的主打卖点，罗列出几个不同点还是很容易的。至于PS软件的排版方面，如果您没有太多经验，上网搜索一下关键词，比如"淘宝对比图""对比图模板"等，很多结果可供参考；制作时也多是简单的图文混排，这方面我们就不再举例演示了。

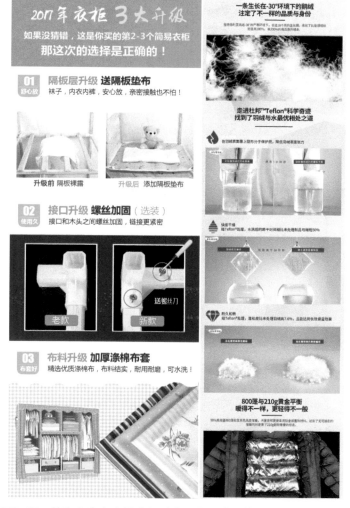

图3-27　某淘宝卖家产品升级对比图和天猫羽绒服卖家用料对比图

3.9　案例：买家评价/买家秀图片的制作技巧

　　买家秀或买家评价图制作时，多是从自有商品已经获得的买家评价中挑选素材，通过PS软件处理后再次强调产品好的方面，从第三者使用体验角度放大产品的优势，让更多新买家购买，老买家重复购买。图3-28是4类宝贝的好评图和买家秀图片案例。

　　这类图的制作步骤也很简单：

1. 准备素材，买家评论和买家上传的图从宝贝详情页"累计评论"中截图。
2. 用PS软件将素材拼接排版。
3. 将制作好的效果存为电脑端和手机端都支持的.jpg格式并调整品质大小。

图3-28　案例：买家秀、买家好评图

　　小贴士：建议买家评价或买家秀的图片一定是真实的，不然适得其反。

　　从技术角度，制作一张这样的图很简单，但制作这类图的目的是：站在第三方已经使用过咱们产品的角度去说产品好，它的前提是咱们的商品已经有销量，已经有评价，这样好评图放上去才更具说服力；反之，如果咱们是新店新品，上这类图就不合适。

　　恰当的时间做恰当的事情，宁缺毋滥！

　　另外，当买家评论较多时，众口难调，一定有负面评论，截图时，记得删减。

3.10　案例：商品非基础使用价值/情感类图片设计参考

美国心理学家亚伯拉罕·马斯洛于1943年在《人类激励理论》论文中提出"马斯洛需求层次理论"，该理论将人类需求像阶梯一样从低到高按层次分为五种，分别是：生理需求、安全需求、社交需求、尊重需求和自我实现需求。

假如一个人同时缺乏食物、安全、爱和尊重，通常对食物的需求最强烈，其他需求则显得没那么重要，此时人的意识几乎全被饥饿所占据，所有能量都被用来获取食物，在这种极端情况下，人生的全部意义就是吃，其他什么都不重要，只有当人从生理需要的控制下解放出来，才可能出现更高级的、社会化程度更高的需要，比如对安全的需要。

《孙子兵法·谋攻篇》曰：上兵伐谋，其次伐交，其次伐兵，其下攻城。三国时期马谡给诸葛亮南伐时提出建议"用兵攻心为上，攻城为下；心战为上，兵战为下"，诸葛亮采纳了他的策略，七擒七纵孟获，果然达到了长治久安的效果。

回到咱们商品的详情描述中来，"攻心策略"依旧十分奏效！早在2016年淘宝卖家大会上，官方就基于大数据统计分析得出：随着生活水平的提升，人们对物质的品质需求越来越高，消费者对中高端商品已不再单单满足于其"物质"属性，而是更期待其"精神"属性。

如果在设计制作详情图时，您能找到体现自家商品非基础使用价值的点，或者能找到从情感角度打动买家的点，请务必制作体现出来。说到这儿，对设计经验不足，或刚接触详情制作的新手来说，这方面有点难，到底什么是"商品的非基础使用价值"呢？下面看几个案例，也许能开阔您的思路。

案例一：陶缘茶具套装，如图3-29所示。普通属性：茶具套装、欧式风格、陶瓷；情感属性：通过"摆拍构图+制作时花鸟素材点缀、配色+散文"与产品本身色彩相得益彰，营造出

产品摆拍布景、背景素材、用色与产品本身花色相得益彰，散文+主文案配以产品"送礼"定位，精致体面

图3-29　案例一：陶缘茶具套装

高雅、悠闲、富有诗意的下午茶感觉，再配以产品"送礼"的定位，精致体面。

　　案例二：彩婴房婴幼儿礼盒，如图3-30所示。该详情中包含常规介绍，如款式分类、物品清单、购买尺码建议、面料说明等。因为是礼盒，所以特意用了一组图对"送礼"非常在意的包装、品质、贺卡等做出说明，更进一步体现情感价值，让送礼更贴心，更有面儿。

图3-30　案例二：彩婴房婴幼儿礼盒

案例三：好想你枣夹核桃，如图3-31所示。专注红枣30年，只做更高品质的枣夹核桃，把健康和爱意给自己、给爱人、给孩子、给爸妈，是充满爱和关怀的零食。

图3-31　案例三：好想你枣夹核桃

案例四：迷纯舒缓按摩精油，在详情中添加了一组如图3-32所示的正确使用精油步骤的说明。很多人对精油不太了解，也不清楚其用法，这组图能教新手入门，能引导很多外围买家购买。对于体验型的产品这招很管用，比如化妆品、香水等，建议添加此类图。

很多时候，设计缺乏的是创意，没有灵魂的详情页很难让商品畅销，而成为销售成千上万件的爆款宝贝的详情一定是经得起推敲、直戳买家心窝的。

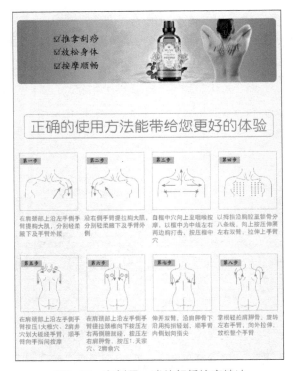

图3-32　案例四：迷纯舒缓按摩精油

3.11　案例：引导买家立刻付款类图片的设计制作

很多卖家的宝贝详情页从上到下通读一遍，总感觉缺点"火候"，离买家下单就差临门一脚，此时建议添加"引导立刻付款类图片"，成品案例如图3-33所示。吸引买家立刻付款最有效的因素有：超值赠品、超实惠的价格、买就减/满就送活动。卖家可能会问：没有赠品、价格与竞品相比没优势、当下也没有活动，怎么办？

关于赠品，比较流行和通用的技巧是：将出厂配件说成赠品。比如行车记录仪，出厂标配本身就有充电器、数据线等，做此类图时，把充电器、数据线说成是赠品；再如，简易实木衣柜，到货需买家自己安装，所以标配安装所需的小锤子、螺丝等再正常不过，但是把这些当作赠品说出来，买家反而觉得商家想得周到。

当然，建议卖家要送还是送实在的，别"偷鸡不成蚀把米"，给买家"小气"的感觉。有些商品适合这种做法，更多商品不适合，量力而行。

价格没优势、当下也没活动的情况下，建议：把可以100%做到的承诺用大字写出来。比如收藏店铺优先发货、顺丰包邮、到货拆包后不满意100%退货等。

图3-33　案例：引导买家立刻下单付款类图片

用PS软件制作时，这类图可复杂，也可简单，如图3-33中的案例都是简单的文字排版+赠品素材图等比例调整尺寸，下面来看一个稍微复杂点的案例。除了赠品素材图，全部用PS软件从无到有制作，涉及技巧包含：配色技巧、光线制作、PS笔刷使用、滤镜使用、定义图案/填充图案、文字排版、图层样式应用、图层不透明度调整、路径转换成选区、多重描边等，制作完成的最终效果如图3-34所示。

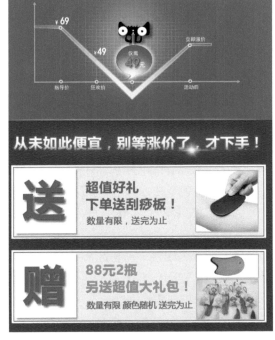

图3-34　案例：降价促销引导购买图

　　步骤如下：

01 启动PS，按【Ctrl】+【N】组合键新建750像素×1000像素的空白文档；创建新组并重命名为"活动价49"；分别添加多个新的空白图层，制作出图3-35所示的背景效果；边做边保存，存储为"3.34案例：降价促销引导购买图.psd"（颜色色值及图层样式相关参数，练习时参考该源文件）。

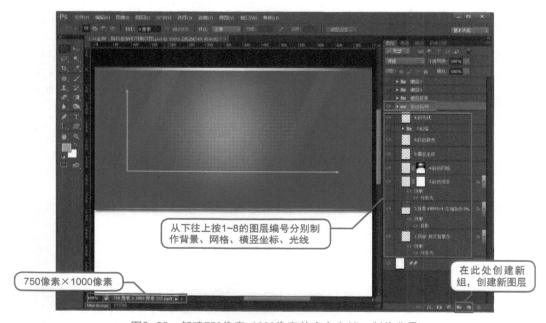

从下往上按1~8的图层编号分别制作背景、网格、横竖坐标、光线

750像素×1000像素

在此处创建新组，创建新图层

图3-35　新建750像素x1000像素的空白文档，制作背景

　　网格制作是一个难点，方法虽多，但用"定义图案+填充选区"最简单。新建50像素×50像素的空白文档，背景图层填充任意较深的颜色；新建空白图层并选中，把画布放大到800%，设置前景色为白色#ffffff，选中"直线工具"，设置其参数为"像素"，"粗细"为3像素，按【Shift】键的同时每隔10像素绘制水平和垂直的直线，效果如图3-36所示，注意顶部和左侧靠边不加直线。

　　隐藏"背景"图层，单击选中"图层1"，执行"编辑"→"定义图案"命令，单击"确定"按钮。图案定义完成后，对需要处理的图层或选区执行"编辑"→"填充"命令，填充内容选用自定义图案。

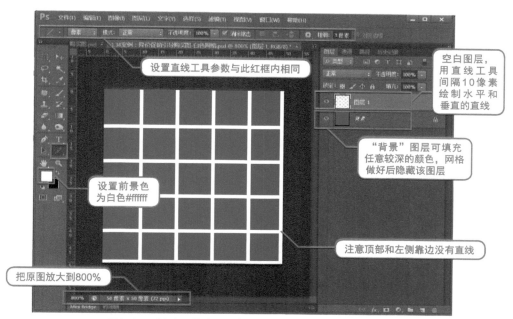

图3-36 新建50像素x50像素的空白文档，制作网格

02 在"7.价格"组内添加价格文字信息、素材图以及标注等，效果如图3-37所示。用"钢笔工具"绘制闭合路径，转换成选区，制作价格调整线。

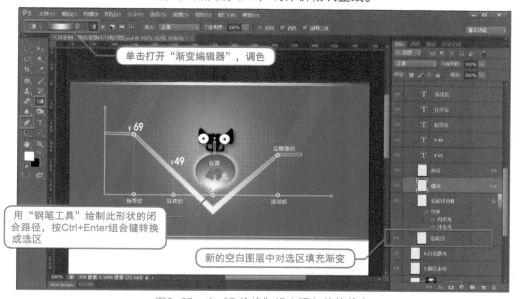

图3-37 在"7.价格"组内添加价格信息

03 创建三个新组，分别命名为"赠品背景""赠品1""赠品2"，分别添加新图层，制作新的背景、添加文字；复制并粘贴赠品素材图，处理大小并描边，最终效果如图3-38所示。

多重边框制作方法：先绘制矩形选区，填充任意颜色1，再执行"选择"→"修改"→"收缩"命令，"收缩量"自定，收缩后填充任意颜色2。如此重复步骤，可以制作出满意的多重边框效果。

全部制作完成后存储为"3.34案例：降价促销引导购买图.jpg"，调整品质大小在300KB左右（该案例图层多、步骤多，六点木木老师仅提示了几个关键步骤，希望大家看完后打开素材自己制作一遍，练习时相关参数设置参考"3.34案例：降价促销引导购买图.psd"源文件）。

图3-38　创建新组，添加赠品文案信息和赠品素材图

小贴士：案例实操往往都是综合应用，考验大家对PS软件的熟练程度，熟能生巧，建议每一个案例都要动手去做。每个人的基础不一样，遇到的问题也不一样，只有动手做了，才会知道自己的问题在哪里，从而针对性地解决掉。

3.12 案例：实力证明类图片的排版制作

　　我们可以从多方面来证明宝贝具有实力，比如阿芙有线下形象专柜、精油原材料庄园直供、提供专柜验货、是IFA企业会员；斯林百兰床垫品牌源自1919、近百年历史、英国皇室授勋、全球30多个生产基地；伊美娜沙发厂家直销、专业生产现代沙发12年、匠心精神保证品质、专业物流配送、高级包装防破损；belecoo儿童推车自有专利、权威认证、工厂自营、30天退换、三年质保、终身保修。其呈现效果如图3-39所示。

　　实力证明是展示卖家自己的底气，买家信任、放心，下单购买自然水到渠成。如果您的产品有底气、有实力，请务必整理制作出来。

图3-39 案例：引自淘宝、天猫卖家实力证明类图片

　　实力证明类图片的制作依旧是图文混排，图3-39中的四组案例图制作过程都比较简

单，希望大家能自己动手，打开PS软件仿照着制作，权当练习提升PS水平。这四组图中有两个难点，一个是第四组中手捧推车的做法；另一个也在第四组中，手举式+证书图片倾斜角度+证书图投影倒影的做法。下面分别演示两个难点的PS制作过程。

先来看手捧推车的合成步骤：

01 启动PS，打开"3.40素材1.jpg"，用"魔棒工具"抠出推车成为单独的图层备用；再打开"3.40素材2.jpg"，用"画笔工具"涂抹隐藏手心里的地球备用。

02 按【Ctrl】+【N】组合键新建790像素x900像素的空白文档，把前面处理好的手推车图层和手的图层分别复制并粘贴到空白文档内成为新的图层，分别重命名图层为"手"和"推车"，图层排序参考图3-40。

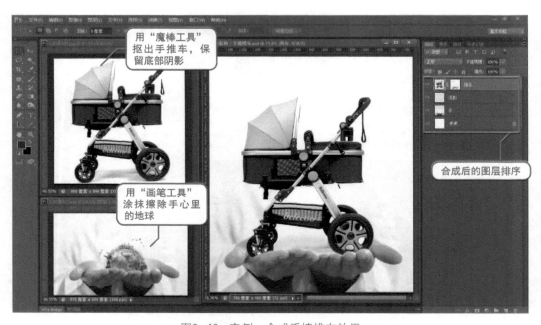

图3-40　案例：合成手捧推车效果

03 单击选中图层"手"，按【Ctrl】+【T】组合键等比例适当缩小，用"移动工具"移动至图3-40所示的位置。

04 单击选中图层"推车"，按【Ctrl】+【T】组合键等比例适当缩小，用"移动工具"移动至图3-40所示的位置，为该图层添加"图层蒙版"，单击选中其"图层蒙版缩览图"，设置前景色为黑色#000000，用"画笔工具"涂抹隐藏部分车轮，使效果逼真自然；在图层"推车"下方新建空白图层，重命名为"浅影"，用"画笔工具"适当涂抹添加浅浅的影子。至此，制作完成。

05 将最终效果存储为"3.40案例：手捧推车.psd"，再存储为网店支持的格式"3.40案例：手捧推车.jpg"，调整品质在300KB左右。

再来看手举式+证书图片倾斜角度+证书图投影倒影的合成步骤。

准备工作：上网搜索关键词"举牌"查找并存储合适的素材图，准备自家公司或企业的资质证书图片，最终合成效果如图3-41所示。

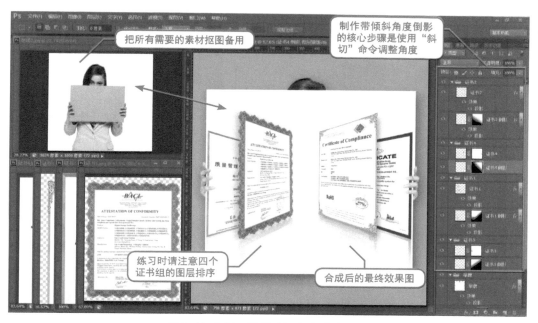

图3-41 案例：手举式证书合成效果图

01 启动PS，按【Ctrl】+【N】组合键新建790像素x870像素的文档；设置前景色为#a2a2a2，用"油漆桶"工具将"背景"图层填充为前景色；在"背景"图层上方创建新组，重命名为"举牌"；边做边保存，存储为"3.41案例：手举式证书合成.psd"。

02 打开素材图"3.41举牌1.jpg"，用"魔棒工具"抠图去掉原图背景；将抠图后的图层复制并粘贴到第1步创建的"举牌"组内，重命名为"原图抠图后"；创建"曲线"调整层并向下创建剪贴蒙版，使调亮效果只对图层"原图抠图后"有效；同时选中图层"原图抠图后"和"曲线1"，按【Ctrl】+【J】组合键一次，得到两个图层的副本图层，将两个副本图层合并，重命名为"举牌"；最后将人物手持的牌子处理成图3-41所示的效果。

[03] 处理证书。创建新组，重命名为"证书1"；打开素材图"3.41证书1.png"，复制并粘贴到组"证书1"内，将图层名称修改为"证书1"；按【Ctrl】+【T】组合键调出自由变换控件，在变换框内右击，在弹出的右键菜单中单击"扭曲"命令，然后用鼠标左键分别拖移调整边角的控制点至图3-41所示的角度，双击完成对图层的角度调整。

为图层"证书1"添加图层样式"投影"，具体参数参考源文件"3.41案例：手举式证书合成.psd"；按【Ctrl】+【J】组合键一次，复制并新建"证书1 副本"图层，重命名为"证书1倒影"；用"移动工具"将图层"证书1倒影"拖动到图层"证书1"的下方，执行"编辑"→"变换"→"垂直翻转"命令；再用"移动工具"向下移动，直至图层"证书1倒影"左上角顶点与图层"证书1"左下角顶点对齐。

选中图层"证书1倒影"，按【Ctrl】+【T】组合键调出自由变换控件，右击"斜切"命令，单击右侧边线中间的控制点向上移动，直至顶部边线与图层"证书1"底部边线对齐；为图层"证书1倒影"添加"图层蒙版"，用"渐变工具"在"图层蒙版缩览图"中自下而上拖动出前景色黑色到透明的线性渐变，效果如图3-41所示。

[04] 用处理组"证书1"的方法，处理证书2、证书3、证书4，最终效果如图3-41所示。

3.13　案例：购物须知类图片的排版制作

购物须知主要是把一些细节和注意事项提前告知，预防售后问题。比如，全国各地退换货运费参考表有两个作用，一是告知买家退货发快递时什么样的价格合理，二是卖家承担退货运费的价格区间。销售新鲜果蔬的卖家，除了告知运送时效和防损保鲜包装，还需提醒买家验货后签收、坏果赔付流程等细节；内衣等具有隐私属性、不方便退货的商品，尺码问题、测量方法提前告知买家非常有必要，能有效避免售后问题。

购物须知类图片是统称，销售的商品不同，需提前告知买家的细节也不同，卖家需结合自身商品总结，切忌照搬，原则是将一些可能出现纠纷或者容易导致售后问题的细节提前告知。

从PS制作此类图片的技术角度看，都非常简单，主要是文字排版。建议制作时添加文字的字体尽量清晰直观，字号大小适中，文字排版尽量整洁，文字配色也尽量与整个详情图的用色匹配。图3-42中的案例是很好的参考，我们就不再另行举例演示制作过程了。

图3-42　案例：购物须知类图片

3.14　案例：GIF动态图的制作技巧

　　GIF动态图可以将多个图层放在一起循环播放，实现相同篇幅展示更多信息，淘宝、天猫均不支持卖家免费上传".swf"格式动画，用GIF动态图替代是不错的选择。在PS软件中用"时间轴"制作最简单。

　　常见GIF动态图分为三类：纯文字型、纯图片型、图文混合型。制作方法大同小异，下面我们以稍微复杂点的图文混合型为例，制作一个动态好评展示图。

　　前文有介绍，详情描述中添加"买家评价/买家秀"有助提升购买转化，当着手去做时，最大难题是成品篇幅太长，下面给大家演示的例子就是通过使用GIF动态图缩短好评图的篇幅。

　　准备工作：打开宝贝详情页，从"累计评价"中择优截取多张评价内容，存储时选用.png无损格式；再从网上搜索一些点赞素材图，制作步骤如下。

　　01　启动PS软件，打开事先截取的评价图，拼接成一张长图备用，存储为最佳品质的.jpg格式。

　　02　按【Ctrl】+【N】组合键新建790像素×520像素的空白文档，设置背景色为#fdebc3，按【Ctrl】+【Delete】组合键将背景图层填充成背景色。边做边保存，存储为"3.43案例：GIF动态好评展示图.psd"。

　　03　创建新组，重命名为"边框"，在组内添加新图层，分别用矩形选框工具、圆角矩形工具、文字工具、椭圆工具、自定义形状工具等制作出如图3-43所示的边框效果。练习时参考源文件中的图层排序、图层样式、颜色等参数。

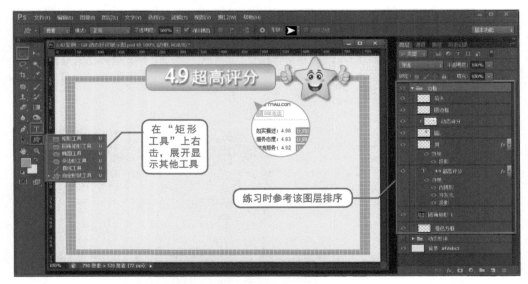

图3-43　新建790像素×520像素的空白文档，添加新组制作边框

04　在"边框"组的下方创建新组，重命名为"动态好评"；在组内添加新的空白图层，重命名为"白色块"；用"矩形选框工具"在"橙色方框"图层内绘制矩形选区，将选区填充为白色。打开第1步制作好的评价长图，复制并粘贴到"白色块"图层上方成为新图层，重命名为"好评拼接长图"，向下创建剪贴蒙版；单击选中图层"好评拼接长图"，用"移动工具"移动其顶部与橙色方框左上角对齐。

执行"窗口"→"时间抽"命令，调出GIF制作必备的时间轴面板，如图3-44所示。在时间轴面板上，单击"复制选中帧"按钮，得到第二帧并自动选中该帧缩览图，按【Shift】键的同时向上移动图层"好评拼接长图"；重复该动作，直到最后一帧显示图层"好评拼接长图"的底部（案例中我们共创建了12帧，练习时大家自己控制帧的数量和向上移动的间距）。

单击每一帧右下角的白色三角箭头，将帧的延迟时间全部修改为0.5秒；单击"播放动画"按钮预览效果。

05　预览动画无误后，再次单击"播放动画"按钮暂停；执行"文件"→"存储为Web所用格式"命令，新开弹窗如图3-45所示，将存储格式修改成.gif，相关参数设置参考图3-45中箭头指示位置，最后单击"存储"按钮，存储为"3.43案例：GIF动态好评展示图.gif"。至此，制作完成。

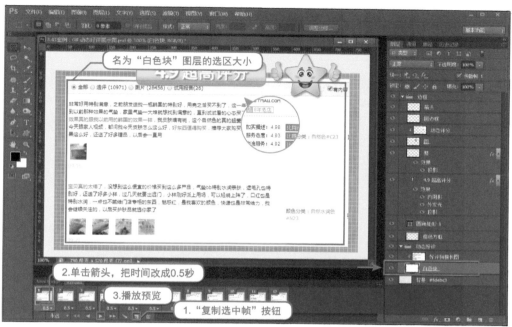

图3-44 添加新组，在时间轴上添加动画帧

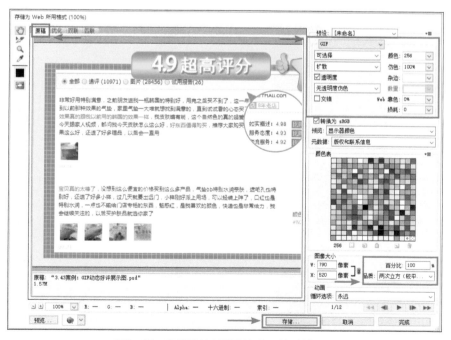

图3-45 存储为Web所用格式，格式选.gif

小贴士：1. GIF动态图必须执行"文件"→"存储为Web所用格式"命令存储，即上述案例第5步的操作；如果直接执行"文件"→"存储为"命令，选.gif格式，最终保存的图虽然是.gif格式，但不是动态效果，切记！

2. 上述案例最终效果是：只有好评长图的内容向上循环滚动播放，其他图层不动，核心步骤就是复制帧并垂直向上移动好评长图，如果练习一遍没学会，建议练习多次。

3. 除了操作演示的案例，我们还为大家准备了如图3-46所示的其他GIF动态图，供参考练习。

4. GIF动态图目前只有电脑端详情支持上传，手机端详情暂不支持，请以淘宝、天猫最新规则为准。

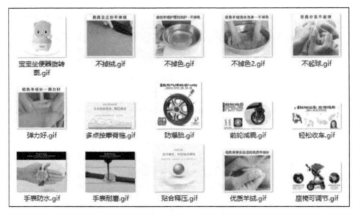

图3-46　GIF案例存放在"3.43练习素材"文件夹中，供练习参考

第 4 章

淘宝、天猫手机端宝贝描述图设计制作

4.1 手机端宝贝描述图的发布规则

发布宝贝时，手机端描述添加入口如图4-1所示，与电脑端描述类似，默认使用文本编辑，也可以使用神笔模板编辑。本章重点讲解更个性灵活的文本编辑，第5章将介绍神笔模板编辑的使用技巧。

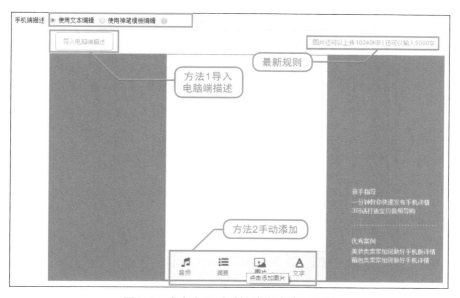

图4-1 发布宝贝时手机端描述填写界面

手机端描述使用文本编辑时，有两种方法：第一种，导入电脑端描述，使用此方法时，电脑端描述尽量不用html代码排版，否则导入后其排版失效，因为当前手机端描述不支持代码；第二种，将鼠标光标移至编辑框底部，分别单击"音频""摘要""照片""文字"按钮，手动添加。

当下手机端描述最新规则：描述中添加的所有图片品质大小不超过10240KB（10MB）、不超过5000字；单张图品质大小不超过3MB、宽度在480像素~1242像素之间（推荐750像素以上最佳）、高度小于或等于1920像素。

淘宝、天猫战略布局转向无线，对手机端的投入越来越大，随着技术的成熟，卖家明显感觉编辑手机详情越来越顺畅，而相对应的编辑规则也会不断调整，因此请以发布宝贝界面提示为准。

实际上，每一次的调整和改变，多数都是针对图片的尺寸，对制作图片的技术并没有改变，第3章教给大家的PS技术依旧适用，无非就是制作手机端描述图时，尺寸按手机端的要求来。

4.2　消费者在移动端的行为习惯大揭秘

移动互联网时代"全民无线的浪潮"正以摧枯拉朽之势席卷全国，上至八九十岁的爷爷奶奶、下至两三岁的懵懂孩童都知道用手机购物；作为卖家的您，不知道消费者在移动端的行为习惯怎么行！

早在2013年12月16日，淘宝官方就通过大数据统计分析得出消费者在移动端购物的行为偏好：

1. 与平板电脑相比，移动用户大多数偏爱使用手机上淘宝；
2. 使用平板电脑上淘宝的用户中，买家信誉级别高的占多数；
3. 用手机上淘宝的用户男性更多；
4. 24岁及以下年轻人更喜欢用手机上淘宝，占比超50%；
5. 在以下情况时，用户更喜欢用移动设备上淘宝：在路上，等人之类的时候打发时间；线下购物的时候在淘宝上比价；没有买电脑，主要用手机上网；
6. 用手机上淘宝时一般使用竖屏，用平板电脑上淘宝时使用横屏更多；
7. 移动用户更多使用APP上淘宝。

虽然这组数据结论距今已时隔多年，但在今天看来，仍旧有指导意义，三四年前，只有年轻人喜欢用手机或平板电脑购物，而今，随着移动终端的更新迭代和上网流量费用越来越便宜而流量越来越多，WiFi热点越来越多，随着手机购物的意识越来越深入人心，"手机淘宝"已经无需解释，更多年龄阶层的普通网民学会了手机支付，在淘宝购物。

作为卖家，除了顺应趋势，还应该了解买家在无线端购物最在乎什么，从而更加合理地优化手机端详情描述：

1. 用户"移动着"上淘宝时，喜欢购买商品、查询购物交易记录、在淘宝网闲逛、充值、比价、买彩票、参加拍卖或秒杀活动；
2. 移动购物逐渐被网购消费者接受，拍下付款的用户比例大幅上升，使用手机成交的比例也高于平板电脑；
3. 移动端仍然以搜索为主要的找宝贝方式；
4. 移动端"宝贝详情页面"最受关注的信息排行榜由高到低依次是：用户评论、宝贝价格、销量、宝贝详情、宝贝图片、店铺信誉等级、运费、保障服务、规格（尺码/颜色/型号等）、动态评分、所在地、宝贝标题、店铺名称、其他；
5. 移动端上淘宝的用户几乎不会浏览卖家店铺首页的比例非常低；
6. 移动端上淘宝的用户最关心：页面打开速度、操作简单、消耗流量、内容丰富、排版美观。

时至今日，淘宝官方很多活动明确要求必须高质量发布手机详情的宝贝才能报名；以前手机详情可以简略，只要添加就行，因为手机详情页有一个专门的提示"查看电脑版"；而现在，该功能已被取消，如果手机详情再胡乱随意发布，除了不能获得官方流量扶持，购买转化率也将越来越低！

以前PC时代，所有详情优化重心都围绕电脑做最佳呈现；而今无线时代，您优化的重点应该放在如何在手机上最佳呈现！

4.3　案例：服装类卖家如何做好手机版详情

服装类包含男装、女装、童装，它们由内而外、从下往上、一年四季又细分为很多品类，比如内衣、内裤、文胸、袜子、裤子、上衣、外套，等等。服装类商品虽品类繁多，但具备一定的共性，建议手机端详情描述中必须体现出以下四点。

第一点：产品基本信息，排版样式如图4-2所示，结合自家商品，整理出基本信息，使用PS制作出来，能帮助买家快速了解该商品概况。

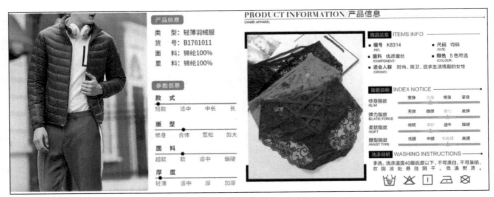

图4-2　案例：产品基本信息（必填项）

第二点：尺码表，排版样式如图4-3所示，其重要性不言而喻，各种身材的人都有，网购最尴尬的就是不能试穿，一张能精确反映商品尺码、给买家选购建议的尺码表非常重要！

使用PS软件制作时，排版样式可以参考，但您家商品的尺寸数字信息可不能随便填写，一定得经过测量后如实添加；否则，买大了或买小了，买家怨声载道不说，退换货还费时费力费钱！

SIZE INFORMATION 尺码信息
ELEGANT AND SIMPLE

尺码表

手工测量存在1-3CM误差纯属正常，请亲们谅解！

尺码	胸围	后中长	肩宽	袖长	建议体重
S	88	58	37	59	90斤以下
M	92	60	38	60	90-100斤
L	98	62	38	61	100-115斤
XL	104	64	39.5	61	115-130斤
2XL	110	65	41	62	130-145斤
3XL	116	66	42.5	62	145-160斤
4XL	122	67	44	63	160-175斤

尺码信息 SIZE INFO

尺码	腰围	臀围	腰型	建议
均码	72cm	90cm	中高腰	体重100~130斤

温馨提示：以上尺寸为手工拉伸测量尺寸，误差1~2cm属正常范围。

尺码信息

尺码	衣长	胸围	肩宽	袖长	袖口	下摆	臀围
S	80.5	94	39	56	27	101.5	92
M	82	98	40	57	28	105.5	96
L	83.5	102	41	58	29	109.5	100
XL	85	106	42	59	30	113.5	104

温馨提示：平铺测量尺寸数据可能存在1-2cm误差，敬请谅解！

试穿信息

身高/体重	平时尺码	三围	试穿尺码	试穿体验
162/96	S	80/66/89	S	双面呢，舒适没有负重感，有品质
161/104	S	83/68/90	S	款式经典好搭，穿着显得优雅时尚
158/104	M	86/74/94	M	版型合适，衣长过臀部，长短正合适
162/112	M	89/74/95	M	廓形线条简约流畅，时尚干练
161/116	L	88/80/95	L	面料保暖又挺括，肩部大小合适
163/120	L	88/80/95	L	颜色耐看，上身效果时尚大气
163/130	XL	96/86/98	XL	帅气西装领，上身帅气洒脱又时尚
160/144	XL	98/74/102	XL	袖肥大小合适，袖口装饰别致帅气

图4-3　案例：尺码表（必填项）

第三点：颜色信息，排版样式如图4-4所示，服装类商品很少只有一个颜色，相反，颜色多的可能有几十种，为了节约篇幅，买家又能一目了然地对比选购喜欢的颜色，我们推荐使用PS软件多图拼接，在一张图上罗列出所有颜色。

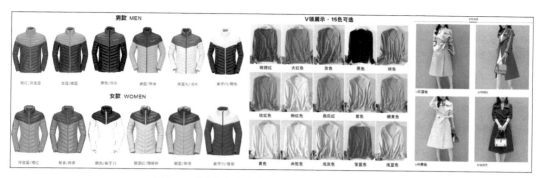

图4-4 源自商家案例：颜色信息（必填项）

第四点：商品细节，建议尽量包含正面图、侧面图、背面图、局部细节特写图（能让买家看清楚面料、做工、走线、配件的图），排版样式如图4-5所示。

不同商品细节不同，需卖家自己挖掘、排版制作。

有条件的建议使用模特实拍图+平铺图综合展示细节；暂时没条件请模特的，摆拍/挂拍/摄影棚拍都行，只要有完整、多角度展示商品的图片即可，使用PS排版制作时灵活处理。

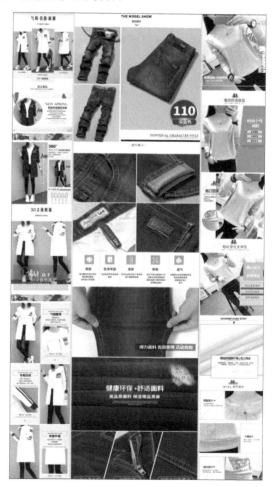

图4-5 源自商家案例：商品细节图（必填项）

　　产品基本信息、尺码表、颜色信息、商品细节这四个方面内容建议手机端描述必须添加，至于如何排版得卖家们自由发挥。

　　然而，上述四个方面仅是基本面，如果一千个商品详情都是这些套路，终究难以脱颖而出，因此除了上述内容，如果您还能结合本书第3章讲解的知识点，从"攻心"角度做出不一样的卖点图，胜算能增加不少。

　　比如卖文胸商品的卖家，如果能增加一张如图4-6所示的胸围测量方法和正确穿戴方法的说明图，试想一下：屏幕前的买家会不会按照图示方法偷偷测量呢？您图中教的测量方法是正确选购您家文胸尺码的方法，当买家测量完成后，会不会直接购买您家宝贝呢？答案是肯定的！

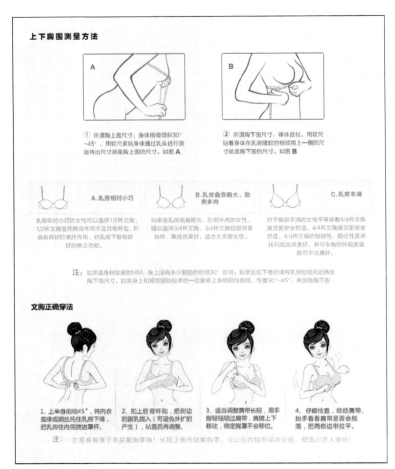

图4-6　案例：文胸类商品"攻心"策略图之测量方法和正确穿戴方法（加分项）

当买家收到您家的文胸后，发现里面多了一个小礼物——"迷你软尺"，对您的好感是否又增加了几分呢？当她评价打分时会不会由衷说好话呢？当她们打算再次购买文胸时，会不会第一时间想到您家的宝贝呢？答案也是肯定的！

切记：放到描述中的每一张图，一定都有目的性，拼的就是细节和用心！

再比如，同样是卖毛呢外套、羽绒服，大家详情页中的卖点都差不多，可是您的价格却是别家的好几倍，凭什么？如果您能在描述中添加如图4-7所示的洗涤养护说明，您商品的高端价值是否就被印证了呢！

众所周知，在普通老百姓眼中，好不容易花高价买的衣服，拿回家一定是当宝贝供着，平时舍不得穿，重要场合才拿出来，因此洗涤方法和养护技巧是他们最迫切想知道的；相反，如果商品价格不高，在人们脑海中的印象也仅是"反正不贵，随便怎么穿都行"，那么一定是谈不上精心养护的！

图4-7　案例："攻心"策略图之商品洗护说明与建议（加分项）

例子咱们就举到这里，第3章我们讲了很多类型图片的制作技巧以及为什么要制作，如果忘记了或者第一次看的时候没理解其深意，请现在回头反复多看几遍！能不能从众多竞品中脱颖而出让宝贝大卖，全看您对我讲的技巧领悟了几分！

4.4　案例：鞋靴箱包类卖家如何做好手机版详情

男鞋、女鞋分为低帮鞋、帆布鞋、高帮鞋、凉鞋、拖鞋、靴子、雨鞋、运动鞋、居家日用防护鞋、登山鞋/徒步鞋、高海拔登山鞋/攀冰鞋、滑雪鞋/雪地靴、攀岩鞋、户外休闲鞋、溯溪鞋、越野跑鞋、沙滩鞋/凉鞋/拖鞋；童鞋分为传统布鞋/手工编织鞋、帆布鞋、凉鞋、棉鞋、皮鞋、亲子鞋、拖鞋、舞蹈鞋、学步鞋/婴儿步前鞋、靴子/雪地靴、运动鞋、雨靴。

鞋类商品建议手机端描述必填以下两点内容：

第一点：尺码表+尺码测量方法或选码建议、多颜色展示图、商品基本信息，案例参考如图4-8所示。可以把尺码、颜色、基本信息都做出来放在一张图上，也可以只选做最重要的尺码表。

如果您的鞋子没有美码、英码，只有国内通常采用的欧码（即标准码），不想做尺码表的话，可以在醒目位置用显眼文字说明，比如"此款是标准码，亲们按平时穿的码数拍下即可，拿不准的请咨询客服妹子！"如果您的鞋子按标准码设计打样，但生产出来偏大或偏小半码、一码，那么在尺码表中重点提醒此类问题非常重要！

图4-8　案例：鞋类商品尺码、颜色、基本信息（必填项）

第二点：能完整体现商品细节的高清实拍图，案例如图4-9所示。建议包含正面图、侧面图、底部图、局部细节特写图、不同颜色的单拍图。为提升竞争力，建议添加当前宝贝焦点图、使用场景图、卖点图、引导买家立刻付款类图等，当然不是罗列的都要求添加，按需选用。

箱包皮具包含男女款式的卡包、卡套、旅行箱、旅行袋、包袋、钱包、手机包、双肩背包、钥匙包、证件包、箱包相关配件等。

箱包类商品有大有小，有些只有一种颜色一种款式，有些却是多种颜色多种款式，那些比较小的卡包、钱包、手机包、证件包等，多会采用微距拍摄，导致对实物的尺寸感知不强，因此建议手机端描述必须添加的第一点要素为：标注尺寸或恰当选用参照物对比大小，案例参考如图4-10所示。

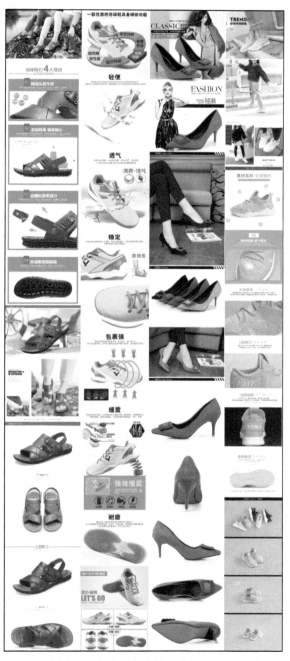

图4-9　案例：引自鞋类卖家的细节展示图（必填项）

图4-10　案例：箱包类商品尺寸标注图（必填项）

　　第二点要素：箱包容量说明与内部结构展示，案例如图4-11所示。对于注重使用功能的箱包类产品，买家关心的因素除了外观，对内部结构与容量也很关心。

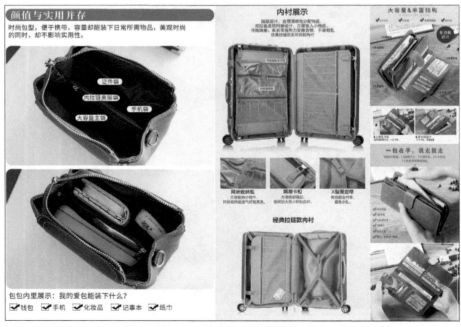

图4-11　案例：箱包类商品容量与内部结构说明图（必填项）

　　上述两点是建议大家一定要添加的内容，除此之外，与鞋靴商品类似，能完整体现商品细节的高清实拍图在详情描述中呈现出来也很重要，也建议包含正面图、侧面图、底部图、局部细节特写图等。

　　另外，一些带有特殊功能或明显区别于竞品的优势，建议特别呈现出来。比如图4-12所示带密码锁功能的行李箱，展示其修改密码的步骤和方法；再比如，您的包包有多种不同的背法，也可以展示出来。

图4-12 案例：带密码锁功能的行李箱修改密码方法（加分项）

　　除了上面重点提出来的细节，建议大家把第3章每一节的内容再认真思考一遍，您的宝贝详情页中还可以添加哪些加分因素以利于成交！第4章侧重案例分析，对PS的操作演示较少，因为主要技巧前面几章都操作演示过了，制作时无非依葫芦画瓢，建议多练习。

4.5　案例：母婴用品类卖家如何做好手机版详情

在淘宝、天猫的卖家后台，把童装/婴儿装/亲子装、童鞋/婴儿鞋/亲子鞋归在母婴用品类目下，而童装与4.3节服装类、童鞋与4.4节鞋靴类商品具备共性，前面两节已经介绍过，这里不再赘述。母婴用品类目除了童装、童鞋，还有以下细分品类。

A. 奶粉/辅食/营养品/零食：宝宝辅食/零食、配方奶粉、婴幼儿牛奶粉/营养品/羊奶粉/调味品。此品类发布全新宝贝前，必须通过食品特种经营资质审核后才能正常销售，否则淘宝将限制此类目的商品发布权限，未备案的卖家发布的商品会被强制下架并处罚。

乳制品含婴儿奶粉的卖家可以通过提交"营业执照"（企业认证无需上传）"食品流通许可证"或"食品经营许可证"，经营范围勾选"乳制品含婴儿奶粉"获得该资质；提交入口为"卖家中心"—"店铺管理"—"店铺经营许可"—"乳品特种经营许可"。

食品安全无小事，"三聚氰胺事件"给千万家庭带去的阴影至今没有消散，我们提倡更安全的产品流通。奶粉/辅食/营养品/零食类商品的手机端描述建议包含以下五点内容。

1. 您的产品能解决哪些现实问题？案例如图4-13所示。现在人们的生活水平提高了，家长都希望孩子赢在起跑线，吃好、穿好、用好一个也不能落后，您的商品想获得家长认可，第一件事就是把专业术语通俗易懂地表达出来，简明扼要地说清楚产品具体能解决哪些问题。

2. 能证明食品安全的资质或文件，比如品牌直供、品牌证书、品牌授权、品牌实力证明、食品经营/流通许可证、检验检疫证明、安全认证证书、正品保证等，案例如图4-14所示。能从安全角度让买家信任，离下单购买已成功一半！

3. 真伪辨别方法，案例如图4-15所示。俗话说得好，"王婆卖瓜，自卖自夸"，资质造假偶尔有闻，如果详情描述中再加一组查询产品真伪的步骤演示图，买家对产品是否安全、是否正品的质疑将彻底不攻自破。

4. 食用方法或喂养方法，案例参考如图4-16所示。第一次接触新东西，对其用法总会充满不解，如果在买之前教会方法，那么离成功下单又近一步。

图4-13　案例：引自卖家详情中体现"能解决哪些问题"的描述图（必填项）

图4-14　案例：引自卖家详情中体现"安全"的描述图（必填项）

图4-15　案例：引自卖家详情中真伪查询方法的说明图（必填项）

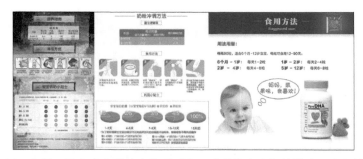

图4-16　案例：引自卖家详情中体现"食用或喂养方法"的描述图（必填项）

　　5. 答疑解惑即自问自答专区，卖家结合自身产品总结归纳出买家可能关心的问题并给出答案，可以更大程度地消除买家疑虑，促进下单购买，做到这些细节的优秀卖家案例如图4-17所示。

　　B. 尿片/洗护/喂辅/推车床：包含布尿裤/尿垫、宝宝洗浴护肤品、背带/学步带/出行用品、儿童房/座椅/家具、防撞/提醒/安全/保护、理发/指甲钳/量温等护理、奶嘴/奶嘴相关、奶瓶/奶瓶相关、清洁液/洗衣液/柔顺剂、驱蚊退烧用品、湿巾、睡袋/凉席/枕头/床品、水杯/餐具/研磨/附件、童床/婴儿床/摇篮/餐椅、消毒/吸奶器/小家电、牙胶/牙刷/牙膏、婴儿手推车学步车、纸尿裤/拉拉裤/纸尿片。

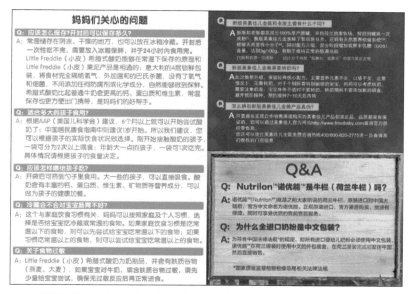

图4-17　案例：引自卖家描述中答疑解惑的描述图（加分项）

销售婴幼儿用品一定要知道年龄段划分情况，图4-18是中国人民的年龄分段，小孩子成长期一天一个样，对于有明显年龄阶段划分的商品，请在详情描述中重点指出或提醒。

年龄	人生段落		
0 岁-6 岁	童年	(1)婴儿期 0-3 周月；(2)小儿期 4 周月-2.5 岁;(3)幼儿期 2.5 岁后-6 岁	
7 岁-17 岁	少年	(1)启蒙期 7 岁-10 岁；(2)逆反期 11 岁-14 岁;(3)成长期 15 岁-17 岁	
18 岁-40 岁	青年	(1)青春期 18-28 岁；(2)成熟期 29-40 岁	
41-65 岁	中年	(1)壮实期 41-48 岁；(2)稳健期 49-55 岁；(3)调整期 56-65 岁	
66 岁以后	老年	(1)初老期 67-72 岁；(2)中老期 73-84 岁；(3)年老期 85 岁以后	

图4-18　中国的年龄分段

另外，此品类下的商品多数存在"使用疑惑"，建议专门制作教用法的图，比如学步带的穿戴方法、尿不湿的使用方法、婴幼儿理发器配件安装步骤、婴儿学步车的多种用途、婴幼儿牙胶的消毒方法等，案例如图4-19所示。

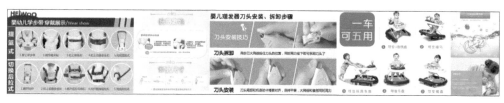

图4-19　案例：引自卖家详情中教产品用法的描述图（加分项）

C. 孕妇装/孕产妇用品/营养：哺乳文胸/内裤/产检裤、产妇帽/孕妇袜/孕妇鞋、防辐射、家居服/哺乳装/秋衣裤/妈咪包/袋、妈妈产前产后用品、束缚带/塑身衣/骨盆矫正、孕妇装、孕妇裤/托腹裤、孕产妇奶粉、孕产妇护肤/洗护/祛纹、孕产妇营养品、月子营养。

此类商品建议重点添加卖点、功能、细节方面的实拍高清大图，比如哺乳文胸的核心关键词包含轻松喂奶、防溢乳、防下垂、舒服透气；产检裤的核心关键词是方便、可随意穿脱；产妇帽的核心关键词有防风护头、透气、秋冬保暖；孕妇裤袜核心关键词托腹、显腿瘦；妈咪包的核心关键词包含大容量、可背可提、可分类收纳、功能多、质量好。

注重功能的产品，应该先深度挖掘核心卖点关键词，然后围绕卖点拍图+后期处理。使用PS软件制作时的排版可参考同类卖家详情页。

D. 玩具/童车/益智/积木/模型：宝宝纪念品/个性产品、串珠/拼图/配对/拆装/敲打、彩泥/黏土/软陶泥、电动遥控玩具零件/工具、电动/遥控/惯性/发条玩具、儿童包/背包/箱包、儿童棋类/桌面游戏、儿童机器人/变形/人偶玩具、儿童玩具枪、儿童智能玩具、仿真/过家家玩具、户外运动/休闲传统玩具、绘画类用品、静态模型、解锁/迷宫/魔方智力玩具、积木、毛绒布艺类玩具、手工制作/创意DIY、童车/儿童轮滑、娃娃/配件、学习/实验/绘画玩具、游泳池/戏水玩具、游乐/教学设备/大型设施、幼儿爬行/学步/健身、悠悠（溜溜）球、音乐玩具/儿童乐器、早教/智能玩具。

此类商品最关键的问题是安全，材质是否安全、使用是否安全，描述中建议重点呈现出来。另外，DIY类商品一般都是原材料，需自己动手制作，制作过程是否愉悦、对制作结果是否满意，很大程度取决于卖家的引导；比如儿童手工DIY串珠，产品本身就是一盒珠子，家长看中它的意义在于自家孩子拥有时能快乐地做出一些成品，这个"成品"就是卖家在详情中呈现的内容，如图4-20所示为某卖家制作的串珠玩法图和成品展示图。

小贴士：本节母婴用品细分品类较多，我们分别对不同品类建议添加的核心要素做了说明，除了推荐的要素，建议再次对照第3章，看看自家宝贝再添加哪些内容有助成交。

由于篇幅有限，不可能每一种商品都举例其排版样式，很多技巧我们都是以点带面地教思路，淘宝、天猫销量好、排名靠前的同类宝贝详情页都是您的学习榜样，如果使用PS制作排版时缺乏创意，建议多看看。

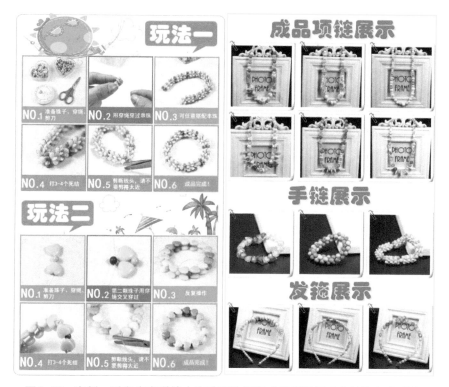

图4-20　案例：引自卖家详情中串珠玩法图和成品展示图（必填和加分项）

4.6　案例：数码类卖家如何做好手机版详情

数码类包含数码相机/单反相机/摄像机、电子元器件、手机、MP3/MP4/iPod/录音笔、笔记本电脑、平板电脑/MID、DIY电脑、电脑硬件/显示器/电脑周边、网络设备/网络相关、3C数码配件、闪存卡/U盘/存储/移动硬盘、办公设备/耗材/相关服务、电子词典/电纸书/文化用品、电玩/配件/游戏/攻略、品牌台机/品牌一体机/服务器、二手数码。

其中二手数码类包含二手手机、二手平板电脑、二手笔记本电脑，需"企业店铺+贰万元消保保证金+通过招商渠道报名"才能发布宝贝，否则只能发布闲置商品。

此类商品最大的共同点是多SKU（指非标类商品的不同容量、不同材质、不同大小规格、不同长度尺寸等），建议特别添加一组不同套餐、不同容量、不同配置等的清单说明图，案例如图4-21所示。哪种套餐、哪种配置有哪些东西，价格多少，一目了然，对买家快速做出购买决策非常有帮助。

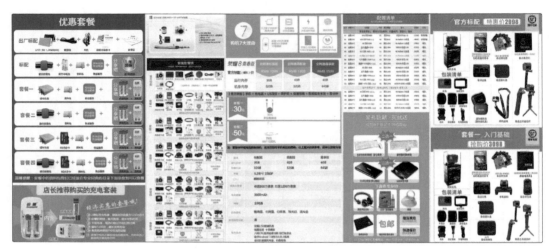

图4-21　案例：引自卖家详情中清单说明图（必填项）

建议数码类商品手机端描述详情从上到下依次添加：店内活动海报（可选）、关联推荐（可选）、优惠券（可选）、购买理由/好处/痛点/核心卖点（必选）、赠品清单（必选）、详细功能介绍（必选）、不同套餐的清单明细（必选）、实物展示细节实拍（必选）、配件实拍及使用说明（可选）、使用场景（可选）、购物须知（必选）。图4-22是优秀卖家对产品痛点挖掘、使用场景、使用效果、必买理由的诠释图。

小贴士：手机端描述最新规则里所有图片品质大小不超过10240KB（10MB），这是一个很宽松的条件，能放很多图，当前条件下完全可以做到添加的内容与电脑端描述一致，不删减。

以前手机端描述要求严苛，能添加的容量有限，导致很多卖家电脑端描述非常详细，而手机端描述不得不删减；现在完全没必要了，只要您作图时严格按照本书推荐的尺寸规范和技巧操作，打造"攻心"详情非常轻松。

图4-22　案例：引自优秀卖家对痛点、使用场景、使用效果、必买理由的诠释图（加分项）

4.7　案例：家用电器类卖家如何做好手机版详情

家用电器类包含的细分类目有大家电、影音电器、生活电器、厨房电器、个人护理/保健/按摩器材、家庭保健。

　　A. **大家电类目的商品**比如空调、冰箱、电视、洗衣机、热水器、烘干机、冷柜等，建议手机端描述添加以下内容：详细功能描述（包括黑科技功能）、能耗级别、外观、内部、细节、产品参数、是否送货入户、是否预约安装、有没有其他安装费用、配件明细、买家须知（常见问题、物流发货、退换货、电子发票、安装与保修）。

　　B. **影音电器**包含CD播放机、电脑多媒体音箱、耳机/耳麦、广告机、HiFi音箱/功放/器材、黑胶唱片机、回音壁音响、家庭影院、扩音器/录像机、卡座、拉杆广场音箱/户外音响、蓝牙耳机、麦克风/话筒、MP3/MP4耳机、随身听/便携式听/收音、收音头、数字电视机顶盒、手机耳机、舞台设备、网络高清播放器、外置声卡、影碟机/DVD/蓝光/VCD/高清视频播放器、桌面音响/音箱、智能音箱。

　　此品类商品多数都是小件，建议手机端描述添加内容为：服务承诺（如只换不修、次日达、买就送等）（可选）、当前宝贝焦点图（必选）、不同版本对比图（有版本区别的必选）、功能卖点详细说明（必选）、使用场景图（必选）、实物+细节高清实拍图展示（必选）、基本参数（可选）、购物须知（必选）。

　　宝贝核心卖点+焦点图往往是征服买家最关键的一环，赏心悦目+身临其境，令人特别想拥有，精选几组焦点图案例如图4-23所示。

图4-23　案例：引自卖家详情内宝贝焦点图（必填项）

　　有些产品非常注重使用体验，如果您能把产品的使用场景完美呈现出来，给买家丰富的想象空间，哪怕之前没想过拥有，此刻也特别想购买，图4-24是家庭影院卖家对产品使用场景的诠释图。

　　如果您的产品可能存在使用疑惑，哪怕有一点，请专门制作一组产品参数信息+尺寸标注+功能说明图，彻底解决买家对您宝贝的使用问题，精选参考案例如图4-25所示。

图4-24 案例：引自卖家详情中对使用场景的诠释图（必填项）

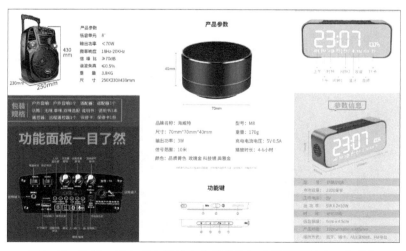

图4-25 案例：引自卖家详情中宝贝参数与功能说明图（可选项）

C. 生活电器、厨房电器、个人护理/保健/按摩器材、家庭保健类产品，有些家喻户晓，有些闻所未闻。家喻户晓的产品主要精力为深挖买家需求，从竞品中脱颖而出；闻所未闻的产品主要精力为从产品定位出发，深挖目标消费群需求，让他们认可。

手机端描述建议添加要点：优惠券（可选）、活动信息（可选）、购物保障（必选）、痛点刺激（可选）、焦点图（必选）、功能卖点详细说明（必选）、适用范围（可选）、工作原理（可选）、使用方法（可选）、实拍图（必选）、细节图（必选）、产品参数配置清单（可选）、售后承诺（必选）、买家须知（必选）。

有些商品，只说好处，总感觉火候不够，若能再加点刺激，引起买家的焦虑、不安，让他们坐立难安，下单购买反而容易很多，如图4-26中从左往右第一组图，先找到精准切入点"梅雨季节"，再罗列该季节带来的各种问题，最后给出解决方案"击退潮湿的除湿器"；第二组、第三组图中的螨虫、雾霾、各种空气污染、室内装修污染都是普通百姓想要避开的事情，先挑明利害关系，再给出解决方案，这种方法很有用！

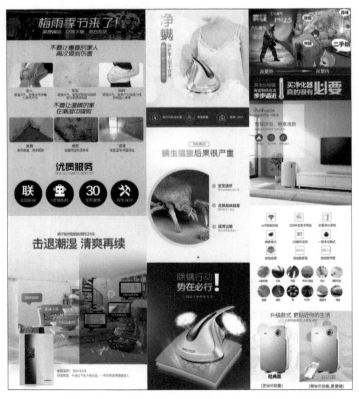

图4-26　案例：引自卖家详情中对痛点刺激的诠释图（可选项）

4.8 案例：美妆珠宝饰品类卖家如何做好手机版详情

美妆类商品包含彩妆/香水/美妆工具、美容护肤/美体/精油、美发护发/假发。

手机端描述建议添加要点：关联推荐（可选）、优惠券（可选）、必须购买的理由（必选）、焦点图（必选）、使用前后效果对比（必选）、测试对比图（必选）、解决哪些问题（痛点刺激+解决方案）（可选）、功能卖点优势详细介绍（必选）、多颜色对比图（必选）、产品升级新旧版对比（可选）、使用方法（必选）、买家秀（必选）、达人推荐图（必选）、适用场景（可选）、产品实拍图（必选）、细节图（必选）、实力证明（品牌实力、研发实力、资源实力等）（可选）、买家须知（必选）。

美妆类销量上万件的单品比比皆是，很多都是"攻心"详情页，建议多看多分析，最终整理出适合自己产品的描述内容。此类产品非常注重用户使用体验，特别是使用前后效果对比、测试图、买家秀、解决哪些问题、使用方法等方面，无法打价格战时细节制胜，比如图4-27是气垫BB霜、假睫毛、面膜的使用方法图，哪怕买家第一次用，看了这些图也能一学即会。

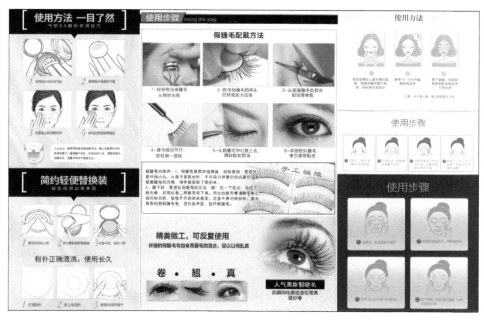

图4-27 案例：产品使用方法图（必填项）

珠宝等贵重物品包含铂金、彩色宝石/贵重宝石、翡翠、黄金首饰、和田玉、K金首饰、天然玉石、天然珍珠、天然琥珀、钻石首饰、水晶等。

　　贵重物品描述建议添加要点：关联推荐（可选）、优惠券（可选）、价格说明（按克算价格的）（可选）、设计理念（可选）、内行说（可选）、商品信息（必选）、卖点说明图（必选）、实拍图细节图（必选）、个性服务（比如刻字）（可选）、佩戴方法（必选）、尺寸测量和选购方法（必选）、实力证明（必选）、真伪查询方法（必选）、礼盒包装说明（必选）、购物须知（必选）、发货保障（比如丢件、破损怎么办）（必选）。

　　俗话说"外行看热闹、内行看门道"，贵重物品多数人都会慎之又慎，如果添加一组从专业人士或内行嘴里说出来的看法，对促成交易非常有帮助，如图4-28是一位翡翠卖家的"行家说"。

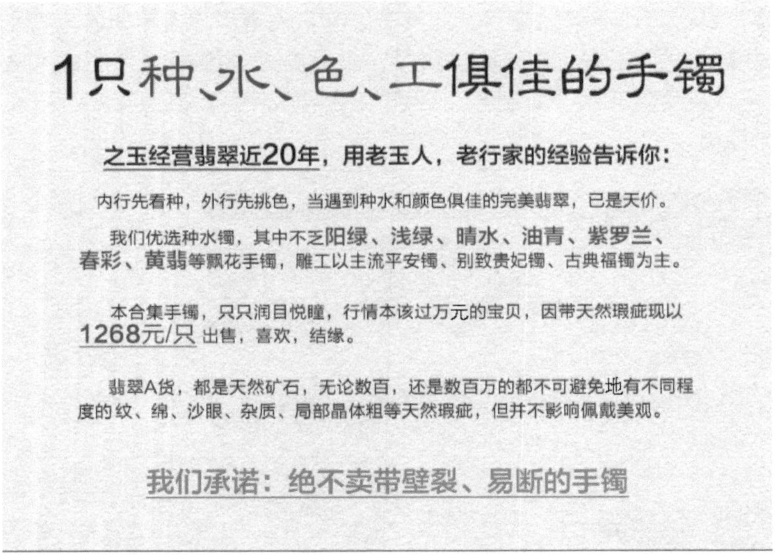

图4-28　案例：翡翠卖家的行家说（加分项）

　　饰品包含摆件、保养鉴定用品、DIY配件、耳饰、发饰、佛珠/木质手串、脚链、戒指/指环、手链、手镯、首饰收纳、项链、项坠/吊坠、胸针、国产腕表、怀表、欧美腕表、瑞士腕表、日韩腕表、智能腕表、滴眼液/护眼用品、功能眼镜、光学眼镜、酒具、品牌打火机及配件、瑞士军刀、太阳眼镜、替烟产品、眼镜配件/护理剂、烟具等。

　　此类商品建议手机端描述包含要点：关联推荐（可选）、优惠券（可选）、焦点图（必选）、必买理由（必选）、卖点详细说明（必选）、买家秀（必选）、产品参数（必选）、多颜色展示（可选）、实拍图细节图（必选）、使用场景（必选）、产品升级对比图（可选）、使用方法（必选）、购物须知（必选）。

图4-29是不同商品在产品参数、颜色信息、版本升级对比、使用方法、使用场景方面的参考案例。大家要参考：第一，排版构图；第二，诠释某个卖点使用哪些素材；第三，素材图的获取方式（产品实拍+网络公开渠道）。

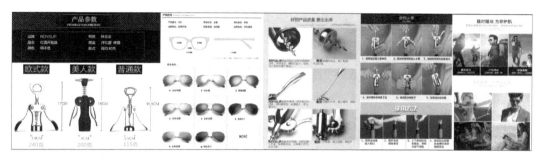

图4-29　案例：产品参数、颜色信息、版本升级对比、使用方法、使用场景图（加分项）

4.9　案例：运动户外、乐器类卖家如何做好手机版详情

运动户外类包含户外/登山/野营/旅行用品、运动/瑜伽/健身/球迷用品、自行车/骑行装备/零配件、电动车/配件/交通工具、运动服/休闲服装、运动鞋、运动包/户外包/配件。

运动服/休闲服装、运动鞋、运动包/户外包/配件类目的商品与前文4.3服装类、4.4鞋靴箱包类介绍的优化技巧类似，不再赘述。

A. 户外/登山/野营/旅行用品类目包含：垂钓装备、垂钓装备、刀具/多用工具、登山杖/手杖、防潮垫/地席/枕头、防护/救生装备、户外服装、户外鞋靴、户外休闲家具、户外照明、户外活动/赛事/线路/旅游产品、军迷服饰/军迷用品、旅行便携装备、炉具/餐具/野餐烧烤、睡袋、通信/导航/户外表类、望远镜/夜视仪/户外眼镜、洗漱清洁/护理用品、饮水用具/盛水容器、专项户外运动装备、帐篷/天幕/帐篷配件。

建议手机端描述添加要点：关联推荐（可选）、为什么要买（好处引导类图）（必选）、焦点图（必选）、核心卖点详细功能说明（必选）、痛点（可选）、买家秀（必选）、产品参数/结构图（必选）、细节展示（必选）、不同款式对比（可选）、使用方法（必选）、实拍图（必选）、竞品对比图（可选）、配件清单（可选）、功能测试图（可选）、使用效果图（必选）、适用场景/适宜人群（必选）、购物须知（必选）。

　　详情描述中的要点归纳相对容易，但是恰当诠释某个要点比较难，图4-30是卖家对产品"应急灯"痛点、使用场景、适用场景的诠释图，由此可见足够了解自己产品的定位、用途、功能，足够了解目标消费群需求，"要点诠释图"也很容易做出来。

图4-30　案例：应急灯产品对买家痛点和适用场景的诠释图（加分项）

　　为了说清楚产品具备的某项功能而做的实验测试并将测试结果呈现出来的一类图称为功能测试图，图4-31是为了说明登山杖抗压能力和夜钓带灯手套的防水性能的测试图。卖家对产品质量有信心，买家自然买得放心。

　　很多时候卖家或设计师也容易落入俗套，比如"适用场景"是非常容易说服买家的点，大家都去做这类图，可是当买家有千篇一律之感不再买账时，我们得寻求新的突破，图4-32就是寻求突破的优秀案例。

从左往右第一组图是医用酒精棉，采用常规的使用场景和适宜人群展示构图，比较普通和常见。

第二组图是带阅读灯的放大镜，罗列了9组该放大镜在不同场景下的使用效果，多角度证明其放大功能和带灯的好处。

第三组图是几十块钱的望远镜，为了证明质优价廉，便宜也能买到观察远处事物足够清晰的优质望远镜，该卖家罗列了6组不同场景和不同距离下的观测效果，牢牢抓住买家的心。

相比之下，图4-32的第二、第三组图在呈现卖点的创意上更胜一筹，更能促成交易。

图4-31 案例：功能测试图（加分项）

图4-32 案例：产品使用效果图（加分项）

B. 运动/瑜伽/健身/球迷用品类目包含：棒球、壁球、保龄球、冰球/速滑/冰上运动、飞镖/桌上足球/室内休闲、F1/赛车、高尔夫、橄榄球、毽子/空竹/民间运动、击剑运动、急救用品、篮球、轮滑/滑板/极限运动、麻将/棋牌/益智类、马术运动、慢跑(有氧运动)、乒乓球、排球、跑步机/大型健身器械、跳舞毯、跆拳道/武术/搏击、踏步机/中小型健身器材、台球、田径运动器材、网球、舞蹈/健美操/体操、羽毛球、游泳、瑜伽、游乐场/体育场馆设施、运动护具、运动类活动/赛事、足球。

建议手机端描述添加要点：关联推荐（可选）、优惠券（可选）、促销活动（可选）、为什么要买（必选）、焦点图（必选）、核心卖点详细功能说明（必选）、痛点分析（必选）、适用场景（必选）、挑选方法（可选）、产品参数（必选）、实拍图细节图展示（必选）、质量测试图（可选）、内部材质/用料说明图（可选）、买家秀/买家评价（可选）、实力证明（可选）、购物须知（必选）。

竞争日益激烈的今天，网上同类竞品非常多，对于详情页的描述也讲究"人无我有、人有我新"的准则，图4-33是棒球棍卖家对目标群体的痛点分析图、适用场景图、质量测试图，每句话、每张图都直戳人心，月销2.3万个+实属情理之中！

图4-33 案例：棒球棍痛点分析图、适用场景图、质量测试图（加分项）

　　当卖家对产品质量有绝对信心，才敢从专业角度教别人如何挑选产品，才敢把产品切割开来，展示正常状态看不到的内部细节，图4-34是羽毛球卖家的拆解材质说明图和挑选方法图。专业、品质、大牌，不放过任何一个细节，值得信赖！

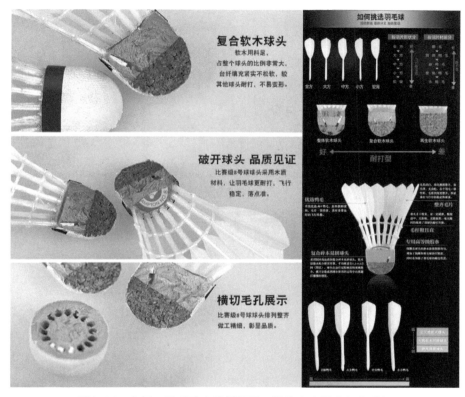

图4-34　案例：羽毛球内部拆解图、挑选方法图（加分项）

　　C. 自行车/骑行装备/零配件类目包含：骑行服饰/骑行装备、自行车整车、自行车/单车装备、自行车零配件、自行车修车工具、自行车活动/赛事、自行车实体服务。

　　建议手机端描述添加要点：关联推荐（可选）、优惠券（可选）、促销活动（可选）、为什么要买（必选）、焦点图（必选）、买家秀/买家评价图（必选）、实力证明（比如质检报告）（可选）、核心卖点详细功能说明（必选）、产品升级对比图（可选）、不同版本/型号对比图或配置清单（可选）、产品信息（必选）、尺码信息（可选）、实拍图细节图展示（必选）、搭配套餐/升级加装套餐（可选）、购买须知（必选）。

　　有些产品，除了主体，配件也可以大做文章，比如某品牌山地自行车分为21速、24

速、27速；21速又包含高配版278、顶配版318、旗舰版368，详情描述从上往下依次介绍并展示不同版本功能、配置、产品参数、实拍图等信息后，再加上如图4-35所示的加装升级礼包，对卖家提升客单价，以及对买家获得超值优惠具有双重意义。

图4-35　案例：山地自行车升级说明图、加装包说明图（加分项）

D. 电动车/配件/交通工具类目包含：电动车整车、电动车实体服务、电动车装备区、电动车维修工具、电动车零/配件。

建议手机端描述添加要点：促销活动（下单抽大奖、买就送、评价有礼）（可选）、优惠券（可选）、为什么选择我们（必选）、焦点图（必选）、实力证明（自产自销、品质保证、全国联保等）（必选）、核心卖点详细功能说明（必选）、产品参数/配置表（必选）、版本区别/版本升级前后对比（必选）、多颜色展示（可选）、售后保修政策（必选）、实拍图细节图展示（必选）、结构标注（必选）、配件防伪检测（可选）、增值服务（可选）、包装说明（侧重防损说明）（必选）、购物须知（必选）。

关于结构标注，4.7节的图4-25中第一组图已经展示过一个案例，这里再单独举一个例子：图4-36是电动三轮车每一个部位的标注说明图，通过这张图买家能快速熟悉车辆以达到快速学会和使用的目的。如果您产品的构成相对复杂，建议制作这样的图。

车祸猛似虎，任何交通参与者的风险都很高，很少有销售交通工具的商家会主动、免费为消费者购买意外险，如果您能像图4-37中的卖家一样，为成功下单的买家免费购买意外险，此举无疑是实力的象征，也是对买家提供更高规格的售后承诺，为"攻心"策略！

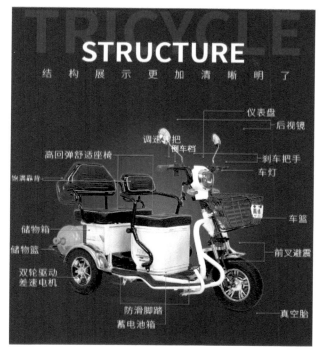

图4-36　案例：电动三轮车结构标注图（加分项）

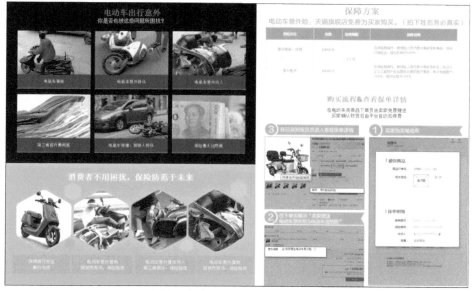

图4-37　案例：电动三轮车保险增值服务（加分项）

　　乐器/吉他/钢琴/配件类包含：电子合成器、儿童玩具乐器、钢琴、乐器音箱、乐器配件、乐器服务、乐器工具/周边、MIDI乐器/电脑音乐、民族乐器、西洋乐器。

　　建议手机端描述添加要点：优惠券（可选）、关联推荐（可选）、促销信息（可选）、为什么选我们（特别是赠品说明）（必选）、焦点图（必选）、多款式对比（必选）、升级前后对比图（可选）、核心卖点详细功能说明（必选）、尺寸/结构标注图（必选）、尺寸对比图（必选）、尺寸选购建议（可选）、多颜色对比图（可选）、产品参数（必选）、赠品与配件清单（必选）、实拍图细节图展示（必选）、买家秀/买家评价（必选）、使用场景展示（必选）、常见问题答疑（可选）、实力证明（可选）、物流包装说明（侧重防损说明）、增值服务（比如免费刻字）（可选）、购物须知（必选）。

　　竞品之间，除了拼价格、拼品质、拼服务，拼赠品也是最大的杀手锏，图4-38是琴类卖家的赠品清单。虽然赠品仅代表卖家的心意，但现在的买家都被宠坏了，出现了很多因为赠品质量差遭遇中差评、动态打分低的案例，因此既然要送，就要送得买家心服口服、拍手称赞、感觉物超所值，否则起反效果还不如不送！

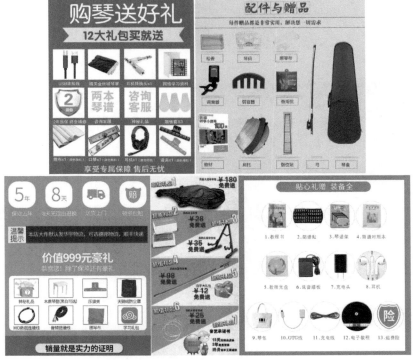

图4-38　案例：赠品清单（必填项）

选购某些商品时有一定的标准或技巧，比如选购小提琴，不同手臂长度对小提琴尺寸的需求不同，因此卖家必须制作此类尺寸测量方法图，参考案例如图4-39所示，教会买家正确的选购方法，才能有效避免售后退换货的麻烦。

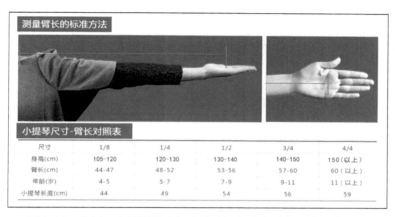

图4-39　案例：小提琴尺寸与臂长对照表（个别商品的必填项）

4.10　案例：美食生鲜零食类卖家如何做好手机版详情

美食生鲜零食类包含：零食/坚果/特产、咖啡/麦片/冲饮、茶、粮油米面/南北干货/调味品、传统滋补营养品、保健食品/膳食营养补充食品、水产肉类/新鲜蔬果/熟食。

上述类目商品官方强制申请备案。申请入口：卖家中心-店铺管理-店铺经营许可-茶冲饮类经营许可申请或零食坚果特产类经营许可申请。

建议手机端描述添加要点：店铺活动/促销信息（可选）、关联推荐（可选）、为什么要买（必选）、焦点图（必选）、核心卖点展示（必选）、实拍图细节图展示（必选）、实力证明（可选）、快递配送/时效说明（必选）、产品参数（可选）、产品包装说明（必选）、工艺流程（可选）、吃法说明（比如咖啡冲泡方法、坚果剥壳方法、绿茶冲泡方法、滋补品食用方法等）（可选）、保存方法（可选）、达人推荐/买家秀/买家评价（可选）、品牌故事（可选）、增值服务（比如代写贺卡）（可选）、营养价值说明（滋补品类必选）、尺寸对比图（可选）、正品次品对比图（可选）、购物须知（必选）。

实力证明中有一类为"自产自销"，如果您可以制作生产工艺流程图佐证"自产自销"，将大大提升说服力，图4-40便是此类图片的参考案例。

图4-40　案例：工艺流程说明图（加分项）

　　对于贵重的滋补品，一般单价是按"克"计算，不同品相、不同年份的价格也不同，建议您专门制作尺寸对比图。另外，滋补品也最怕买到假货、次品，增加一组正品与次品的对比图或者选购方法图也非常必要。**参考案例如图4-41所示**，冬虫夏草的尺寸对比图和正次品对比图。

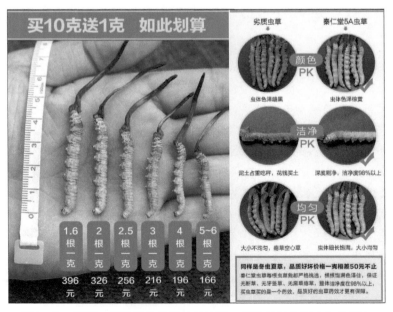

图4-41　案例：贵重滋补品尺寸对比图、正次品对比图（加分项）

　　生鲜食品最重要的是快递包装，零食类商品的防腐防霉包装也很重要，与吃相关的商品的食用方法、保存方法等也不可或缺。建议您结合自家产品，仔细思考需要对哪类问题作特别说明，图4-42是与包装、食用、保存相关的案例图。

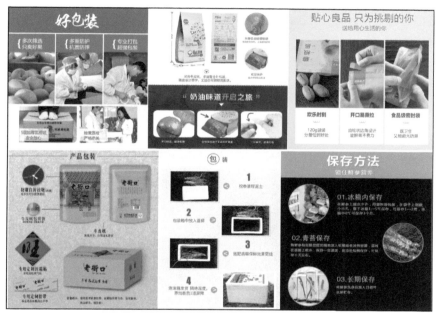

图4-42　案例：包装、食用方法、保存方法说明图（加分项）

4.11　案例：家具家饰家纺类卖家如何做好手机版详情

　　家具家饰家纺类包含居家布艺、家居饰品、特色手工艺、住宅家具、商业/办公家具、家装主材、床上用品等。

　　A. 居家布艺类包含刺绣套件、窗帘门帘及配件、餐桌布艺、地垫、地毯、防尘保护罩、缝纫DIY材料、工具及成品、挂毯/壁毯、海绵垫/布料/面料/手工DIY、靠垫/抱枕、毛巾/浴巾/浴袍、其他/配件/DIY/缝纫、十字绣及工具配件、坐垫/椅垫/沙发垫。

　　手机端描述建议添加要点：优惠券（可选）、促销活动（赠品特别说明）（可选）、关联推荐（可选）、运费特别说明（比如不包邮地区）（可选）、超值服务（比如上门安装）（可选）、为什么买（必选）、焦点图（可选）、产品基本信息（必选）、多颜色信息（可选）、选购建议/尺码表/重要问题说明（必选）、买家秀/买家评价（必选）、卖点说明图（必选）、实拍图细节图展示（必选）、作品展示（DIY类必选）、材质/工艺对比图（可选）、升级前后对比图（可选）、实力证明（可选）、文化内涵（比如什么是苏绣）（可选）、操作步骤/方法/注意事项（对尺寸精度要求较高的类目必选）、定制流程（可选）、功能效果说明图（比如窗帘遮光效果）（可选）、使用场景效果图（可选）、购物须知（必选）。

关于对比图前文已经举过例子，对外行来说，很多专业细节不清楚也不知道，如果对产品进行过升级，卖家自己不说，消费者也不知道，而这些细节都是区别于竞品的优势，因此，如果有的话，一定要特别说明。图4-43从左往右分别是苏绣刺绣优质面料与劣质面料对比、遮光窗帘的织造工艺对比、地毯升级前后各细节对比。

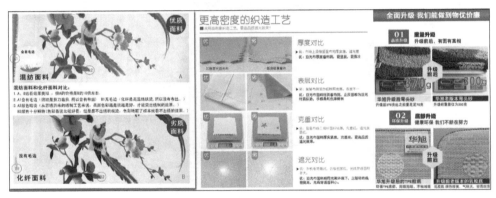

图4-43　案例：材质、工艺对比图、升级对比图（加分项）

对于那些尺寸精度要求高的商品、支持定制的商品、DIY商品，其尺寸测量方法、定制流程说明、常犯问题说明、选购建议、使用方法等一定要制作专门的图片加以说明，案例如图4-44所示。

图4-44　案例：测量方法、定制说明、选购建议、使用方法图（加分项）

B. 家居饰品类包含细分品类有摆件、壁饰、创意饰品、雕刻工艺、风铃及配件、工艺伞、工艺船、工艺扇、花瓶/花器/仿真花/仿真饰品、家居钟饰/闹钟、家饰软装搭配套装、蜡烛/烛台、其他工艺饰品、贴饰、相框/画框、香薰炉、装饰画、照片/照片墙、装饰器皿、装饰架/装饰搁板、装饰挂钩、装饰挂牌。

手机端描述建议添加要点：优惠券（可选）、关联推荐（可选）、促销信息（可选）、买家秀/买家评价（可选）、卖点说明图（必选）、实拍图细节图展示（必选）、产品信息（必选）、多颜色信息（必选）、尺寸标注/尺寸说明（必选）、适用场景（可选）、实力证明（必选）、使用说明/选购说明/安装方法（必选）、购买须知（必选）。

装饰摆件、工艺品等，有些商品安装可能需要开墙凿洞，有些商品使用方法卖家不说，消费者可能不知道某个零件配件是干什么用的，所以卖家必须把商品使用过程中最关键的环节特别说明，参考案例如图4-45所示。

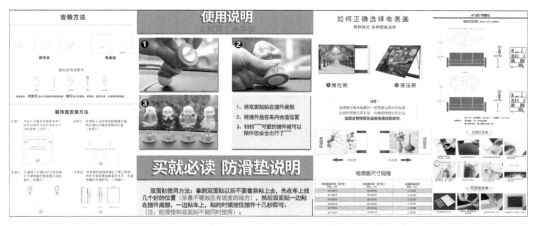

图4-45　案例：安装方法、使用方法图（个别商品的必填项）

C. 特色手工艺类包含细分品类有地区民间特色手工艺品、海外工艺品、其他特色工艺品、少数民族特色工艺品、宗教工艺品。

手机端描述建议添加要点：优惠券（可选）、关联推荐（可选）、卖点说明图（必选）、实拍图细节图展示（必选）、产品信息（必选）、尺寸标注/尺寸说明（必选）、适用场景（可选）、购买须知（必选）。

D. 住宅家具类包含细分品类有案/台类、床类、床垫类、成套家具、根雕类、户外/庭院家具、柜类、几类、架类、镜子类、家具辅料、屏风/花窗、情趣家具、沙发类、设计师家具（NEW）、箱类、坐具类、桌类。

　　手机端描述建议添加要点：是否送货入户并安装（必选）、优惠券（可选）、赠品说明（可选）、换购说明（可选）、买家秀/买家评价（必选）、关联推荐（可选）、卖点说明图（必选）、搭配购买推荐图（有整套的必选）、实拍图和细节图展示（必选）、实力证明（必选）、产品信息/产品参数（必选）、款式对比、尺寸标注/尺寸说明（必选）、配件说明（必选）、安装说明/安装方法/选购建议（必选）、包装说明（侧重防损说明）（必选）、物流/快递配送说明（需自提的一定要特别说明，必选）、购物须知（必选）。

　　搭配推荐或搭配套餐是提升客单价最好的方式之一，如果您店里的商品适合组合购买或者搭配销售，建议一定要做类似图4-46所示的这种搭配推荐/套餐引导购买图，只有您说了，买家才知道"原来还可以这样买""原来这样买更省钱"。

　　另外有一个小细节，希望所有卖家注意：为拍摄需要或为场景图氛围营造需要而摆放的配件、配饰等，不包含在购买商品之列的，请务必特别说明！已经有非常多因此疏忽导致售后纠纷的案例和教训，切勿重蹈覆辙。

图4-46　案例：搭配推荐图（有整套或者适合搭配销售的建议必填）

E. 商业/办公家具类包含细分品类有办公家具、殡葬业家具、超市家具、城市家具、餐饮/烘焙家具、服装店家具、发廊/美容家具、货架/展柜、酒店家具、桑拿/足浴/健身家具、校园教学家具、娱乐/酒吧/KTV家具、医疗家具。

手机端描述建议添加要点：优惠券（可选）、赠品说明（可选）、买家秀/买家评价（必选）、关联推荐（可选）、焦点图（必选）、卖点功能详细说明图（必选）、功能测试效果图（必选）、颜色款式说明（必选）、实拍图细节图展示（必选）、产品参数（必选）、尺寸标注/尺寸说明（必选）、实力证明（可选）、生产流程（可选）、安装说明/使用方法（必选）、配件清单（必选）、合作案例（大客户举例）（可选）、购买须知（必选）。

F. 家装建材类包含细分品类有背景墙软包/床头套/工艺软包、厨房、瓷砖、地板、环保/除味/保养、集成吊顶、晾衣架/晾衣竿、墙纸、卫浴用品、浴霸。

手机端描述建议添加要点：部分地区不发货说明（可选）、优惠券（可选）、关联推荐（可选）、服务承诺（必选）、焦点图（必选）、卖点说明图（必选）、颜色款式说明（必选）、产品参数（必选）、尺寸标注/尺寸说明（必选）、选购方法（必选）、实拍图细节图展示（必选）、使用场景（可选）、实力证明（可选）、安装方法（必选）、购物须知（必选）。

G. 床上用品类包含细分品类有被套、被子、床品定制/定做(新)、床单、床罩、床品套件/四件套/多件套、床笠、床幔、床品配件、床裙、床垫/床褥/床护垫/榻榻米床垫、床盖、电热毯、儿童床品、凉席/竹席/藤席/草席/牛皮席、睡袋、蚊帐、休闲毯/毛毯/绒毯、枕套、枕头/枕芯/保健枕/颈椎枕、枕巾。

手机端描述建议添加要点：关联推荐（可选）、服务承诺售后保障（必选）、赠品说明（必选）、优惠券（可选）、尺码表/尺寸说明/尺寸标注（必选）、买前必看（必选）、卖点功能详细说明（必选）、检测报告（可选）、实力证明（可选）、实拍图细节图展示（必选）、多颜色展示（可选）、产品参数（必选）、产品包装（产品本身包装+物流快递发货包装）（可选）、防伪查询（可选）、购物须知（必选）。

有些商品容易产生歧义，比如图4-47所示的四件套买前必看，该产品是四件套，含枕套、被套、床单，为了更全面地展示商品细节以及各项参数，拍摄时会使用其他道具，如枕头、床、被芯等，提前清楚明白告知产品尺寸及适合床的尺寸，可以有效避免买家"会错意"和"买错"。

图4-47　案例：买前必看图（容易产生歧义的商品必填）

4.12　案例：鲜花宠物农资类卖家如何做好手机版详情

　　鲜花宠物农资类包含：鲜花速递/花卉仿真/绿植园艺、宠物/宠物食品及用品、农用物资/农机/农具/农膜。

　　A. 鲜花速递/花卉仿真/绿植园艺类包含细分品类有创意迷你植物、插花培训、仿真花/绿植/蔬果成品（新）、婚礼鲜花布置、花艺包装/材料、花瓶/花器/花盆/花架（新）、花卉/绿植盆栽（新）、花卉/蔬果/草坪种子（新）、花园植物/行道树/果树、卡通花（新）、商务用花、上门送花（淘宝到家）、庭院植物/行道树木/果树、鲜花速递(同城)、鲜果篮(预定与速递)、园艺用品、永生花/干花、园艺设计服务、追悼/奠仪用花。

　　手机端描述建议添加要点：店铺活动（可选）、优惠券（可选）、关联推荐（可选）、搭配套餐（可选）、生产批次导致颜色差异的特别说明（仿真类商品必选）、痛点分析（必选）、选购建议（必选）、买家秀/买家评价（必选）、使用效果展示图（必选）、卖点说明图（必选）、实拍图细节图（必选）、配件图（可选）、安装方法/安装说明（可选）、多颜色/多规格/多款式说明（可选）、尺寸说明/尺寸标注（必选）、养护方法/养护技巧（活体绿植必选）、适用场景（必选）、实力证明（可选）、包装说明（必选）、购物须知（必选）。

图4-48是某卖家绿萝活体的完整详情描述图，从左往右是整个详情从上往下的内容，依次包含：促销活动（买6免1）、优惠券、店铺活动（全店满就送）、关联推荐、搭配套餐、焦点图、绿萝的卖点/功能、权威认证、买家评价、绿萝的基本信息、尺寸说明、选购建议、适用场景、痛点分析/解决方案、绿萝培育说明、细节展示、实力证明、包装说明、破损补寄、购物须知、养护技巧。

整个详情看完，您是不是也想来几盆呢？买家想到的问题，卖家想到并给出答案；买家没想到的，卖家也想到并给出建议；买家头痛的问题，卖家有解决方案，权威验证、实力证明摆在这里，可能存在的售后问题也已经防患于未然，您还有什么好担心的呢？促销活动（买6免1）、优惠券、店铺活动（全店满就送）、搭配套餐多重优惠，买家纷纷抢着购买，月销5千盆+，累计评论2.3万条+，动态三项评分均是4.8+。一个店铺综合实力是否超群，数据是很好的证明！

图4-48　案例：某绿萝卖家的完整详情描述图（建议参考其从上往下涉及要点）

B. 宠物/宠物食品及用品类包含细分品类有宠物服饰及配件、仓鼠类及其他小宠、宠物附属品（新）、宠物智能设备、宠物生活服务、动物药品及药剂、狗狗、狗零食、猫咪、猫主粮、猫零食、猫/狗日用品、猫/狗美容清洁用品、猫/狗保健品、猫/狗玩具、马类及其用品、猫/狗医疗用品（新）、鸟类及用品、爬虫/鸣虫及其用品、犬主粮、水族世界、散装粮、兔类及其用品。

　　手机端描述建议添加要点：店铺活动（可选）、优惠券（可选）、关联推荐（可选）、搭配套餐（可选）、加价换购（可选）、赠品说明（可选）、尺码表/尺寸说明/尺码测量方法（宠物服饰及配件类必填）、卖点说明（必选）、实拍图和细节图（必选）、宠物活体简介/习性/生命周期/饲养方法/发货说明/退换说明（必选）、使用方法（必选）、购物须知（必选）。

　　宠物活体简介、宠物活体运送须知、猫粮换食方法案例参考如图4-49所示。

图4-49　案例：活体宠物简介、活体运送须知、使用方法图（加分项）

　　C. 农用物资/农机/农具/农膜类包含细分品类有肥料、农药、农技服务、种子/种苗、农业机械、农业工具、农膜/篷布/遮网/大棚。

　　手机端描述建议添加要点：优惠券（可选）、关联推荐（可选）、赠品说明（可选）、功能卖点（必选）、实拍图和细节图（必选）、多款式信息（可选）、产品参数信息（必选）、尺寸说明（必选）、使用方法（必选）、种植流程/方法（必选）、买家秀/买家评价（可选）、购物须知（必选）。

　　农用物资讲求实用、实在，城里人打发时间来种种蔬菜水果，详情描述中侧重技巧/

方法的传授；农村人则侧重种植条件、产品本身质量、价格等因素；意思就是不同定位侧重点不同。

　　此类商品与服装、化妆品、家电等类目相比属于小众，建议加入农村淘宝(cun.taobao.com)，专门针对广大农村市场。如果您是这类商品卖家，提升商品图片质量、提高描述页图文排版整体质量是首要的。图4-50是蔬菜种子的种植流程图、买家秀。

图4-50　案例：蔬菜种子的种植流程图、买家秀（加分项）

小贴士：1. 第3章从电脑端描述着手，侧重讲解利用PS软件制作13类图片的技巧，不是说这13类图片在详情描述中必须全部添加，有些是可选的，有些是必选的，根据您自家商品选用。

2. 第4章从手机端描述着手，侧重讲解描述中建议添加的图片类型，哪些是必选的，哪些是可选的，都有注明。不同行业不同类目侧重点不同，都是六点木木老师本人通过翻阅数千个案例并根据各行业特性总结得出的经验结论，在帮助您制作"攻心"详情描述页方面，有很好的参考价值！

3. 虽然同一个宝贝当前依旧分为电脑端和手机端描述，但随着无线技术的成熟，手机端描述的限制条件会越来越宽松，建议大家以发布宝贝界面提示的最新规则为准，制作"两端"一样的详情页。

4. 每一个宝贝的详情描述是网店商品的"灵魂"，也是店铺内功优化最重要的内容之一，第3章和第4章涉及的知识点、技巧非常多，建议认真、仔细、反复看！

第5章

宝贝详情模板编辑器之淘宝神笔

5.1 用淘宝神笔编辑电脑端宝贝详情

第3章介绍了电脑端描述使用文本编辑的技巧和方法，本节来说说使用淘宝"神笔模板"编辑的步骤和方法，添加入口如图5-1所示。

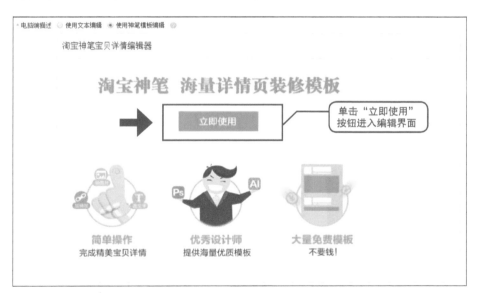

图5-1 电脑端描述使用神笔模板编辑的入口

单击"立即使用"按钮，进入淘宝神笔宝贝详情编辑器主界面，如图5-2所示。默认界面套用官方模板，可以修改模板内容或换其他模板。

使用"神笔模板"编辑的三个核心步骤：第一步，选择模板；第二步，添加/编辑模块内容；第三步，保存，完成编辑。

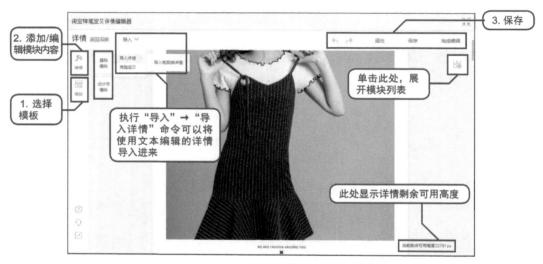

图5-2 淘宝神笔宝贝详情编辑器主界面

下面以电脑端"基础"模板为例，演示编辑步骤。

01 单击"模板"按钮，进入界面，如图5-3所示。将鼠标光标移动至"已购买"标签下的"基础"模板上方，单击"套用模板"按钮。

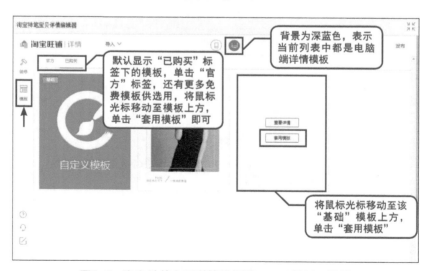

图5-3 淘宝神笔宝贝详情编辑器——"模板"界面

02 模板套用成功后，会自动跳转至"装修"界面，如图5-4所示。所谓模板，是指排版布局已经做好，卖家只需将模板中的图片、文字等信息修改成自己宝贝的即可。

如果对当前模板的模块布局满意，只需依次单击并选中要替换的图片或文字修改即可。如果要增减模块或对模块位置重新排序，请参照图5-4中的讲解进行操作。

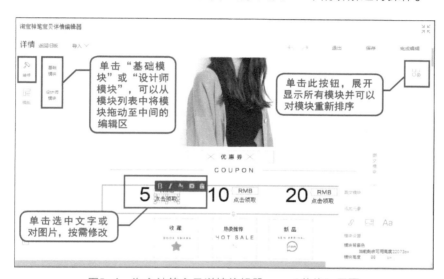

图5-4　淘宝神笔宝贝详情编辑器——"装修"界面

03 全部编辑完成后，先单击页面右上角的"保存"按钮，再单击"完成编辑"按钮，网页会将编辑好的内容自动同步到电脑端描述中。至此，使用神笔模板编辑电脑端描述操作完成。

> **小贴士**：1. 神笔模板中的每一套模板都分电脑端和手机端版本，可以两端使用同一个模板，也可以分别用不同的模板。
>
> 2. 上面步骤演示使用的是免费模板，只要自己会编辑会作图，无需花费一分钱。如果觉得免费模板不够理想，可以订购付费模板。订购入口：用卖家账号登录无线运营中心(wuxian.taobao.com)，单击左侧"详情装修"进入付费模板展示页面，选中喜欢的模板付费订购后使用。
>
> 3. 付费订购的每一套模板都分为电脑端和手机端，其使用方法与免费模板的步骤类似。
>
> 4. 如果想在神笔模板中个性发挥，自己排版布局，可以使用内置免费的"自定义模板"。

5.2　用淘宝神笔编辑手机端宝贝详情

手机端描述使用文本编辑功能时，可以直接导入电脑端描述，也可以手动添加图片、文字等；其中涉及的技巧方法第4章已经讲解过。

这一节，我们来看看使用神笔模板编辑手机端描述的方法，其编辑入口如图5-5所示。

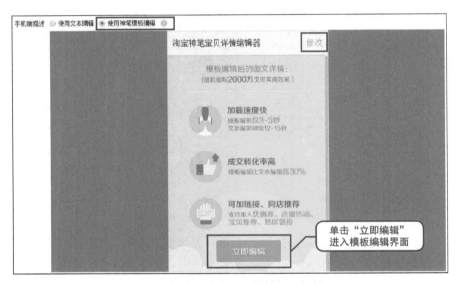

图5-5　手机端描述使用神笔模板编辑的入口

手机端描述使用神笔模板编辑依旧是三个核心步骤：第一步，选择模板；第二步，添加/编辑模块内容；第三步，保存，完成编辑。

免费的官方模板、基础模板或自定义模板都可以选用。如果编辑电脑端描述时，付费订购过模板，那么该付费模板也可以在手机端描述中使用。

以套用官方智能模板为例，其装修编辑界面如图5-6所示。其编辑方法与电脑端模板完全类似，建议大家看完后，打开您的卖家中心，实际动手操作几遍，加强记忆。

不同模板内包含的模块类型不同，手机端详情中的模块也比电脑端的多，如果您不清楚哪套模板有哪些模块的情况下，可以分别依次看一看，再决定选用哪套模板。

图5-6　手机端描述淘宝神笔编辑器——"装修"界面

第6章

让宝贝大卖，详情描述必做之事

6.1　不要让你的宝贝出现这六种问题

前面我们都在讲：为了让宝贝卖得更好，可以做哪些事情，有哪些优化技巧。除了好的方面尽量做好，有些负面的、容易疏忽的、不利于宝贝销售推广的事情都不要做。

总结出来，主要有以下六种问题，不要出现在宝贝详情中。

第一种：不要夸大、过度或虚假承诺商品效果及程度。

哪些做法属于这类情形呢？

1. 出现全网"最高、最低、最优、最热"等极化、夸大描述。

2. 对商品的实际使用效果进行名不符实的宣传。

3. 其他夸大宣传的描述。

出现的位置包括但不限于：宝贝标题、宝贝卖点、电脑端宝贝图片、手机端宝贝图片、主图视频、宝贝规格文字，或上传的图片、宝贝视频、电脑端描述、手机端描述等。

错误案例1：某手机卖家在发布的手机详情标题中添加"全网最低价"。

错误案例2：某减肥茶卖家在其减肥茶产品标题中添加"排毒狂减肚子瘦脸瘦腿瘦腰、去顽固型肥胖"，主图中文字"2个月瘦30斤，不反弹无副作用"。

第二种：不要虚假宣传，与实际不符。

以下三种做法属于此类情形。

1. 商品标题、图片、详情等区域出现的商品资质信息（如吊牌、水洗标、中文标签等）、店铺基础信息、官方资质信息等与实际不符。比如店铺实际信誉为三星，但标题写"四皇冠"；未参加"聚划算、天天特价"等活动但在商品标题中标注了"聚划算""天天特价"等关键词。

2. 通过店铺装修的方式遮挡或篡改相关店铺、商品的基础信息或官方资质信息使之与实际不符。比如恶意装修店铺自定义区，对店铺的信誉等级、评价详情、宝贝成交情况、举报入口、官方资质等进行遮挡或篡改。

3. 商品发布时填写的条形码信息与实际不符。

第三种： 不要重复铺货或者重复铺货式开店。

即店铺中同时出售同款商品两件以上的，或者开设两家以上店铺且出售同样商品的。

判定标准：发布的商品若在商品的标题、图片路径、详情描述、商品价格等商品的重要属性上完全相同或高度相似，属于重复铺货。

第四种： 不要利用SKU低价引流作弊。

拆分商品的正常规格、数量、单位，或滥用SKU、邮费价格等进行低价引流的发布，是一种流量作弊行为。

包括但不限于：

1. 利用SKU低价引流：不同品类的商品放在一个SKU中售卖；不同材质、规格等属性值对应价格不同的商品放在一个SKU中售卖；将常规商品和商品配件放在一个SKU中售卖；将不存在的SKU（指这个SKU的商品实际并不存在）与常规的SKU放在一起售卖；将常规商品和非常规商品放在一个SKU中售卖。

2. 以非常规的数量单位发布商品。

3. 商品邮费偏离实际价格。

错误案例：商品本身是四件套，标题、属性中都是四件套，可是在"宝贝规格"－"床单/床笠尺寸"中添加"枕套24元/对"。

第五种： 不要发布不以成交为目的的商品或信息。

包括但不限于：

1. 将心情故事、店铺介绍、仅供欣赏、联系方式等非实际销售的商品或信息，作为独立的商品页面进行发布。

2. 在供销平台外发布批发、代理、招商、回收、置换、求购类商品或信息。

3. 除了站内淘宝客及淘宝提供的友情链接模块，发布本店铺以外的其他淘宝店铺、商品等信息。

第六种： 不要发布易导致交易风险的外部网站的商品或信息。

如发布社交、导购、团购、促销、购物平台等外部网站的名称、LOGO、二维码、超链接、联系账号等信息。

> **小贴士**：遵守平台规则，用正确的方式方法优化宝贝、优化店铺，总会越做越好。反之，剑走偏锋，掉坑里只是时间问题，得不偿失。

6.2　提升宝贝购买转化率的四种做法

前文第1章讲宝贝主图各种优化技巧，一方面提升了点击率，吸引更多买家继续了解我们的产品；另一方面起到一定的转化作用，第一眼看上了，下单购买比没看上会容易得多。

第2章的宝贝规格、第3章的电脑端描述、第4章的手机端描述陆续讲解了很多可提升转化率的技巧，本节我们来总结一下有助提升宝贝成交转化率的四种做法。

做法一：整个宝贝详情页从上往下所有涉及用图片的地方，全部都提供清晰、不变形、整洁、舒服的图片。

最关键的是电脑端宝贝图片 + 手机端宝贝图片、宝贝规格/颜色分类图片、电脑端宝贝描述图片 + 手机端宝贝描述图片、详情页中关联的其他宝贝图片，图片中的表述清楚，无歧义、无错别字的文案信息。

做法二：提供脉络清晰、容易理解、无需费心计算猜测的促销信息。

促销手段包含但不限于包邮（全国包邮、限区包邮、满就包邮）、优惠券、红包、满就减、满就送、超值赠品、搭配套餐、互动优惠（加价换购、买家秀、好评晒图等）。

你可以只选一种，也可以同时选用多种，核心原则是：买家一看就明白如何做能最快地得到实惠！

做法三：如实描述，提升产品可信度，最大程度解决买家购买疑虑。

比如尽量实物拍摄；详情描述中多角度展示宝贝，添加整体图、细节图、模特图、使用体验图等；准确的尺码说明及选购说明，商品或企业实力证明；物流信息、包装信息、发货时效信息；客服接待速度适中，语气、接待态度良好等。

第4章里面我们花了很多时间和心思，总结出不同行业、不同类目的宝贝详情描述中建议添加的要点，请用心体会！

做法四：关联推荐与促销手段相结合。

比如买家对当前这件商品不满意，添加关联推荐后，帮助买家选择其他商品。如果买家觉得当前这件宝贝好，我们可以增加促销活动促使他们多买几件。

2

第二类美工秘技

店铺装修图设计制作

淘宝店铺的装修后台称为"旺铺"，目前分为电脑端旺铺和手机端旺铺。电脑端旺铺分为基础版、专业版、智能版，手机端旺铺分为基础版和智能版。

所有淘宝卖家都可以永久免费使用电脑端旺铺基础版和手机端旺铺基础版；店铺信誉一钻（即251个好评）以下，可以免费使用电脑端旺铺智能版和手机端旺铺智能版；店铺信誉一钻以上按需选择付费订购专业版或订购智能版；智能版包含电脑端和手机端旺铺，只需订购一次。

天猫店铺的装修后台称为天猫旺铺，所有天猫卖家通用。

第二类美工秘技——店铺装修图设计制作，包含第7章电脑端旺铺装修排版设计和第8章手机端旺铺装修排版设计，介绍旺铺装修所需图片的设计制作以及制作好的图片安装到旺铺的步骤和方法。

第7章

电脑端旺铺装修排版设计

店铺装修必须理清楚三个概念：一，旺铺版本（基础版、专业版、智能版、天猫旺铺）；二，装修模板（每一种"旺铺"版本后台都有内置永久免费的装修模板，只是数量不同，也可以到装修市场订购付费模板）；三，模块（构成模板的元素）。

旺铺版本、装修模板、模块三者都有免费版和付费版之分，按需选用，本章讲的方法都是免费实现的。关于装修模板，实际上与前面讲解的"淘宝神笔"详情模板类似，只是提供了一个框架，仍需卖家自己制作图片替换、修改模板中的文字信息等。

电脑端旺铺装修后台入口：卖家中心 → 店铺管理 → 店铺装修 → PC端。

7.1 电脑端店铺首页装修的整体规划布局技巧

电脑端旺铺首页装修规划正确步骤：①选定"旺铺"版本 → ②确定使用哪套模板 → ③确定模板色系 → ④熟悉选用的模板中有哪些模块，每一个模块可以实现哪些效果；确定店铺首页从上往下添加哪些内容 → ⑤确定要添加的内容使用哪些尺寸的页面布局和承载模块 → ⑥按承载模块尺寸制作所需图片 → ⑦编辑模块内容 → ⑧保存发布，完成装修。

> **重要建议：** 先发布宝贝，后装修店铺。因为成功发布的宝贝才能生成链接地址，只有上架状态的宝贝才会在店铺中显示。

下面以旺铺内置免费模板为例，详解上述8步的具体操作方法，付费模板从淘宝官方装修市场(zxn.taobao.com)订购，本文不详述。

01 确定旺铺版本。以淘宝店铺为例，登录装修后台，页面左上角会显示旺铺版本，如图7-1所示。店铺信誉一钻以下免费使用智能版，基础版会有提示免费升级到智能版。

图7-1　淘宝旺铺版本标志

如果您的店铺信誉为一钻以上，想付费订购专业版或智能版，装修后台顶部会有订购入口，单击进去按页面提示操作即可。或者在服务市场(fuwu.taobao.com)搜索"旺铺"，找到淘宝官方的旺铺订购界面，如图7-2所示，选择您需要的版本，付款成功后即可使用。

图7-2　淘宝旺铺订购界面

02　确定使用哪套模板。以旺铺智能版为例，选用内置免费模板的步骤：第一步，登录装修后台，单击"PC端"切换到电脑端旺铺界面，如图7-3所示，单击左侧列表中的"模板"按钮。

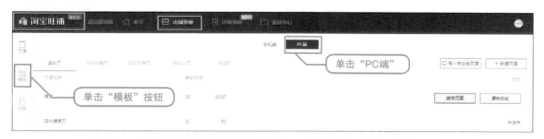

图7-3　旺铺智能版装修后台切换到"PC端"界面，单击"模板"按钮

第二步，旺铺智能版电脑端内置3套永久免费模板，默认使用第一套"简约时尚官方模板"，有24种色系，带设计师模块，如果不想用这套，在页面下方"可用的模板"中单

击另外两套模板下方的"马上使用"按钮即可，如图7-4所示。下次再切换时，重复第一步和第二步即可。需注意：切换模板相当于重置装修效果至初始状态，切换前仍需保留装修效果的请先备份。

图7-4　单击"马上使用"按钮切换模板

　　03　确定模板色系。淘宝旺铺专业版和智能版内置3套一模一样的免费模板，以智能版使用"简约官方时尚模板"为例，选用模板色系步骤如下：第一步，打开"店铺装修"的"PC端"界面，将鼠标光标移动至"首页"上方，单击浮出的"装修页面"按钮，如图7-5所示。

图7-5　找到"首页"的"装修页面"入口

　　第二步，在新开的电脑端首页装修界面中，单击左侧的"配色"按钮，展开的配色方案列表如图7-6所示，单击选中需要的配色方案即可。

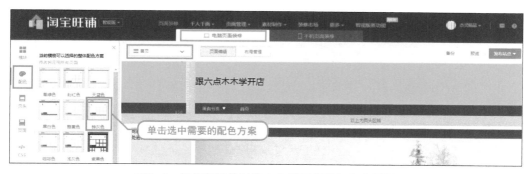

图7-6　智能版简约时尚官方模板的配色方案界面

04 熟悉可用的模板中有哪些模块，每一个模块可以实现哪些效果，确定店铺首页从上往下添加哪些内容。以智能版选用"简约时尚官方模板"为例，第一步，熟悉首页布局管理、所有模块增/减/编辑方法，设置入口如图7-7所示。

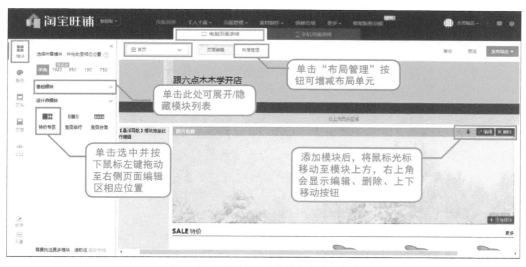

图7-7　首页装修"模块"编辑界面

淘宝旺铺智能版中模块尺寸分为1920、950、750、190四种，分别代表模块不同的宽度，单位为像素。首页"布局管理"中可以增减950/1920（通栏）、190/750、750/190三种布局单元，支持该尺寸的模块才能被拖动至对应的布局中，比如基础模块中的"全屏轮播"模块是1920的，只能被拖动至950/1920的布局单元中，在190/750和750/190这两种布局中无法添加。

有些模块支持多种布局，有些模块仅支持一种布局；有些模块可以同时添加多个，有些模块只能在指定位置或指定布局中最多添加一个。不同旺铺版本、不同模板中，模块种类略有差别，增/减/编辑布局单元和模块时，请以自己使用的旺铺版本为准。

第二步，草拟首页从上到下的排版大纲。以卖包包的店铺使用智能版旺铺为例，装修风格简约时尚，首页从上往下添加以下内容：自定义店铺招牌、1920海报、通栏优惠券、分类导购、个性化客服中心、950通栏海报、950个性化宝贝推荐、190个性化分类图。

05 确定要添加的内容使用哪些尺寸的页面布局和模块承载。比如第4步草拟的排版大纲需要的布局单元分别是：1920/950尺寸的用950/1920（通栏）布局单元，190、750尺寸的用190/750布局单元。

需要的模块分别是：自定义店铺招牌对应"店铺招牌"模块+页头背景、1920海报对应"全屏宽图"或"全屏轮播"模块、通栏优惠券对应950"自定义区"模块、950分类导购对应950"自定义区"模块、950个性化客服中心对应950"自定义区"模块、950通栏海报对应950"图片轮播"模块或950"自定义区"模块、950个性化宝贝推荐对应950"自定义区"模块、190个性化分类图对应190"自定义区"模块。

06 按承载模块尺寸制作所需图片。比如950"图片轮播"模块的宽度为950像素，高度为100像素~600像素，制作图片的宽高尺寸为950像素×（100~600）像素，推荐950像素×600像素。本章7.2小节至7.9小节会以具体案例演示不同类型图片的制作技巧。

07 编辑模块内容。把第6步制作好的图片分别放到对应模块，本章7.10小节会演示正确的安装步骤。

08 保存发布，完成装修。装修后台的所有操作只有发布成功后，才会在店铺前台中展示，否则买家无法看到装修效果。全部装修完成后，单击装修后台右上角的"发布站点"按钮。支持立即发布和定时发布。

> **小贴士：** 本章侧重讲解PS软件处理图片的技巧，对不同旺铺版本的功能、不同装修效果的实现方法没有深入讲解，如需了解各版本深入全面的装修步骤，请打开店址（mumu56.taobao.com）联系六点木木老师，我将为您推荐最适合的视频课程（语音+装修后台操作演示），手把手教会您不花钱实现"高大上"的店铺装修效果。

7.2　案例：店招的排版设计制作技巧

如果首页中添加1920全屏海报，建议页头部分的店铺招牌也使用1920效果，实现方法是："店铺招牌"模块+页头背景设置。旺铺专业版、智能版、天猫旺铺用自带的功能实现，基础版需使用代码扩展才能实现，打开店址(mumu56.taobao.com)联系六点木木老师，可得到相关帮助。

淘宝旺铺：三种版本带"导航"功能的自定义招牌图尺寸为950像素x150像素；页头背景图尺寸为1920像素×150像素。

天猫旺铺：带"导航"功能的自定义招牌图尺寸为990像素×150像素；页头背景图尺寸为1920像素×150像素。

页头背景图要求：图片大小在200KB以内，格式仅支持.gif、.jpg、.png。

PS软件制作自定义招牌和页头背景图的思路：先将招牌图和背景图制作在一张1920像素×150像素的图上，再切片并分别存储为招牌图和页头背景图。

以制作安装到淘宝旺铺智能版页头的店铺招牌和页头背景为例，步骤如下。

01 启动PS，按【Ctrl】+【N】组合键新建宽度为1920像素、高度为150像素、分辨率为72像素/英寸、颜色模式为RGB、背景内容为白色的空白文档；打开"视图"菜单，勾选"标尺"；在顶部或左侧标尺上右击，勾选"像素"；单击"视图"菜单中的"新建参考线"命令，分别创建两条垂直参考线（位置分别为485像素和1435像素）和一条水平参考线（位置为120像素），效果如图7-8所示；边做边保存，存储为"7.2 店铺招牌+页头背景1920x150.psd"。

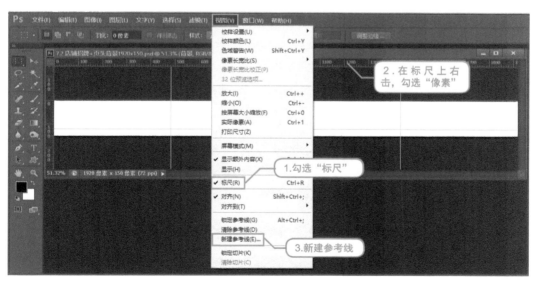

图7-8 新建1920像素x150像素的空白文档并添加参考线

淘宝旺铺页头招牌图的两条垂直参考线位置计算公式：左侧参考线位置=(1920-

950)/2=485像素；右侧参考线位置=485+950=1435像素。

天猫旺铺页头招牌图的两条垂直参考线位置计算公式：左侧参考线位置=(1920-990)/2=465像素；右侧参考线位置=465+990=1455像素。

导航模块高度固定值为30像素，所以统一的水平参考线位置为120像素。

02 设置前景色为黑色#000000；在"背景"图层上方新建空白图层，重命名为"背景条"并将其选中，用"矩形选框工具"绘制出1920像素×30像素的选区，按【Alt】+【Delete】组合键将选区填充为前景色；在"图层"面板中将"背景条"图层的不透明度改为5%。

执行"文件"→"存储为"命令，将该效果存储为"7.2 页头背景1920x150.png"。

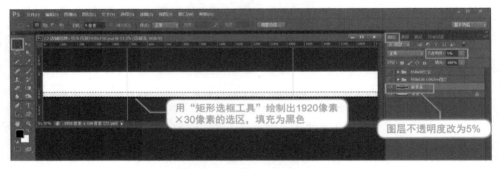

图7-9 制作1920像素×30像素的浅色背景条

03 在"图层"面板中依次创建新组，把事先准备好的包包主图复制并粘贴进来，等比例缩小，用"文字工具"添加文字图层并合理排版，最终效果如图7-10所示。

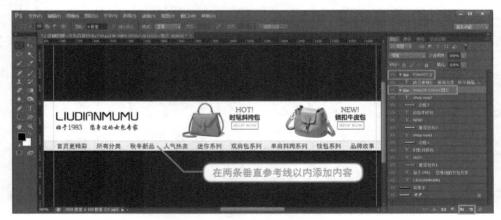

图7-10 创建新组，添加推荐宝贝主图和文字内容并合理排版

要添加链接的区域务必在两条垂直参考线以内（即中间950像素×150像素）。

04 选中"裁剪工具"，在两条垂直参考线以内拖出950像素×150像素的裁剪区域，如图7-11所示，单击"√"确定裁剪。执行"文件"→"存储为"命令，将裁剪结果另存为"7.2 店铺招牌950x150.png"。

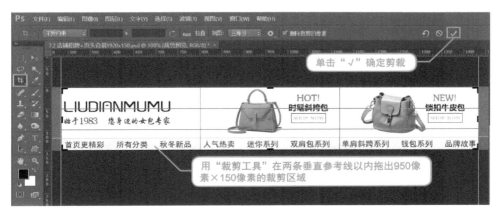

图7-11 用"裁剪工具"裁剪出950像素x150像素区域并另存为店铺招牌图

05 用Dreamweaver软件为图片"7.2 店铺招牌950x150.png"添加链接，生成网店支持的代码备用，打开店址(mumu56.taobao.com)，可找到一图多链接代码编辑视频课程。

至此，店铺招牌图和页头背景图制作完成，在7.10节统一讲解安装方法。

7.3   案例：1920全屏海报图设计制作技巧

海报图的设计制作，说难不难，说简单不简单。不难是因为海报图是由背景+商品图+文字+素材点缀四部分构成的，分别处理四部分内容后合理排版即可；不简单是因为海报图合成考验对PS软件的综合使用能力，需熟练掌握基础工具用法，会抠图、调色、图文排版、文字处理等技能。总之，勤学多练，熟能生巧！

淘宝旺铺智能版1920的"全屏宽图"和"全屏轮播"模块可以添加图片的最大高度不超过540像素，下面就以制作1920像素×540像素的海报图为例，合成前后效果如图7-12所示。

图7-12　1920像素×540像素的全屏海报图合成案例

制作步骤如下：

01 启动Photoshop，按【Ctrl】+【N】组合键新建1920像素×540像素的空白文档；执行"视图"→"新建参考线"命令，分别创建两条垂直参考线(位置分别为460像素和1460像素)；打开本节配套的"素材3.jpg"，复制并粘贴到新文档中成为新的"图层1"，用"移动工具"拖动调整至图7-13所示的效果；单击"创建新的填充或调整图层"按钮，创建"色阶1"调整层，调亮"图层1"，向下创建剪贴蒙版，使色阶调整效果只对"图层1"有效。边做边保存，存储为"7.3 1920x540海报1.psd"。

图7-13　新建1920像素×540像素的空白文档，制作背景

02 单击"背景"图层的小眼睛图标，将该图层隐藏；单击选中图层"色阶1"，同时按下【Ctrl】+【Alt】+【Shift】+【E】组合键将"图层1"和"色阶1"两个图层盖印并得到新的"图层2"，将该图层的不透明度改成60%；再次单击"背景"图层的小眼睛图标，显示该图层；分别单击"图层1"和"色阶1"的小眼睛图标，隐藏两个图层。

单击选中"图层2"，执行"滤镜"→"渲染"→"镜头光晕"命令，参数设置如图7-14所示，单击"确定"按钮。至此，背景处理完成。

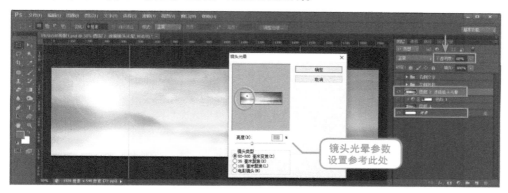

图7-14 盖印图层，调整图层不透明度，添加镜头光晕效果

03 在两条垂直参考线内添加主图和文案。打开素材图"双肩包3.jpg"，用魔棒工具快速抠图备用；回到"7.3 1920x540海报1.psd"，创建新组并重命名为"左侧包包"，将抠图备用的包包图层复制并粘贴进来，重命名为"双肩包"，添加图层蒙版，适当清理边缘杂色。

打开"素材7.jpg"，复制并粘贴到图层"双肩包"的下方，重命名为"茶杯"；单击选中该图层，按【Ctrl】+【T】组合键等比例缩小，适当旋转角度；继续为其添加"图层蒙版"，用黑色画笔涂抹隐藏多余背景，处理完成后的效果如图7-15所示。

图7-15 处理包包和点缀素材

04 创建新组并重命名为"左侧文字"；用"文字工具"添加多个文字图层并各自排版，效果如图7-16所示。

打开"素材14.jpg"，用"套索工具"画出部分花朵选区，按【Ctrl】+【C】组合键复制；回到"7.3 1920x540海报1.psd"中，按【Ctrl】+【V】组合键粘贴到组"右侧文字"中成为新的图层，重命名为"花边1"，将图层混合模式改成"正片叠底"，去掉原图背景。

打开"素材15.jpg"，用"套索工具"画出一只蝴蝶选区，复制并粘贴到组"右侧文字"中，重命名为"蝴蝶"，用"魔棒工具"单击选中其白色背景，按【Delete】键删除；按【Ctrl】+【T】组合键等比例缩小，适当旋转角度；用"移动工具"拖动至如图7-16所示位置。

至此，整个海报图制作完成，另存为店铺支持的格式"7.3 1920x540海报1.jpg"。

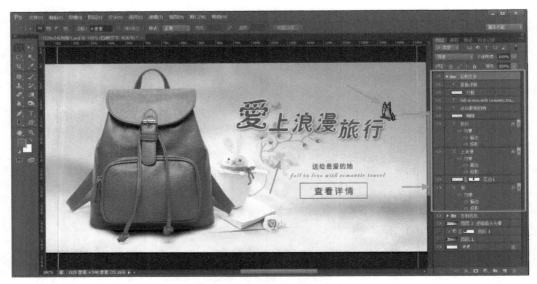

图7-16　添加文字并排版，添加点缀素材

通常情况下，装修首页需要多张全屏海报，先准备素材图，再用类似的方法合成即可。为大家留了一个课后作业，请用本节配套素材合成如图7-17所示的海报，练习时可以参考源文件"7.3 1920x540海报2.psd"，最后另存为"7.3 1920x540海报2.jpg"。

图7-17　课后作业：用配套练习素材合成1920像素×540像素的海报

7.4　案例：首页950通栏优惠券的排版制作安装技巧

本例的优惠券相当于代金券，购物时直接抵扣。实现流程：卖家订购"优惠券"促销工具→在工具中创建不同面值的优惠券，自动生成领取链接地址 → 装修时自制优惠券领取提示图 → 买家领取 → 下单购物时抵扣现金。

本节讲解优惠券的制作方法，按照之前对首页的规划，需制作宽度为950像素的图片，最终会放在"自定义区"模块，对高度没有特别要求，根据排版需求灵活设置即可。操作演示的案例尺寸为950像素×260像素，效果如图7-18所示。

我们建议将首页从上往下所有的内容制作在一张长图上，类似前文制作宝贝详情描述的方法。这样的好处是，随时可以看到整个页面的配色，哪个位置不满意可随时调整。现在用的方法是每一个要素分开制作，需注意保持整体风格统一，色彩搭配协调。

操作步骤如下：

01 启动PS软件，按【Ctrl】+【N】组合键新建950像素×260像素的空白文档；创建新组并重命名为"下单更优惠"；创建新的空白图层，重命名为"圆箭头"，设置前景色为黑色#000000，用"自定义形状工具"绘制黑色像素箭头，并描一个正圆黑边；用"文字工具"添加两个文字图层，效果如图7-19所示。边做边保存，存储为"7.4 950像素×260像素的优惠券.psd"。

图7-18   案例：950像素×260像素的优惠券

图7-19   新建950像素×260像素的空白文档，添加文字

02   创建新组并重命名为"5元"；创建新的空白图层，重命名为"背景色块"，用"矩形选框工具"绘制固定大小为233像素×150像素的矩形选区，填充颜色#a02043；选中"橡皮擦工具"，将其参数设置为5像素、硬度为100%、不透明度为100%，单击"切换画笔面板"按钮打开"画笔预设编辑器"，将"画笔笔尖形状"中的"间距"改成114%，关闭"画笔预设编辑器"，用"橡皮擦工具"在图层"背景色块"左右两边擦出直线锯齿形状。

用"文字工具"添加多个文字图层，适当排版，效果如图7-20所示。计划一排放四张优惠券，每张间隔6像素，单张优惠券宽度的计算公式为：(950-3x6)/4=233像素。

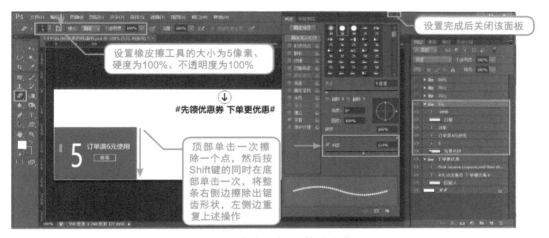

图7-20　制作第一个5元的优惠券

03 复制"5元"组三次，分别重命名为"10元""20元""50元"，用"移动工具"分别将三个组向右平移至各自间隔6像素；分别修改各组内的金额并适当修改文字排版，最终效果如图7-21所示。至此，优惠券制作完成，存储为网店支持的格式"7.4 950×260的优惠券.jpg"。

图7-21　复制"5元"组三次，得到另外三张优惠券

小贴士：优惠券的排版样式非常多，如果您脑海中的创意不够，请利用网络搜索关键词为"淘宝优惠券"的图片，很多案例可供参考。

制作时请遵循"色彩与整店风格统一、醒目、买家一看就懂"的原则。

7.5　案例：950图文混合型分类导购图的制作

　　当店内商品较多、分类较多时，所有宝贝全部呈现在首页并不现实。制作分类导购入口图，引导买家查看更多宝贝是不错的做法。

　　分类导购图多是在一张图上添加多个分类页的链接地址，制作好图片安装到店铺前，需卖家在装修后台创建分类页并生成链接地址。

　　本节950个性化图文混合型分类导购图案例如图7-22所示，其制作过程并不复杂，应用的技巧包含图文混排、图层不透明度调整、创建剪贴蒙版、点/线/边框/不规则形状绘制、等比例调整大小等。

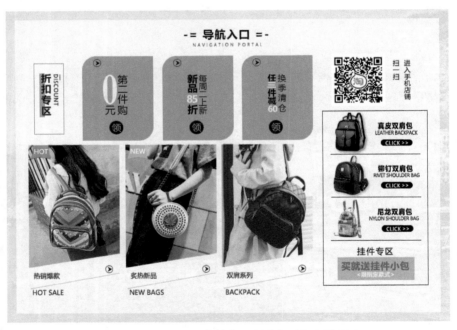

图7-22　案例：950个性化图文混合型分类导购图

　　制作步骤如下：

　　01　启动PS软件，按【Ctrl】+【N】组合键新建950像素×690像素的空白文档；打开本节配套"素材1.jpg"，复制并粘贴到文档中成为新的图层，重命名为"素材背景"，将该图层的"不透明度"改成15%；创建新的空白图层，重命名为"灰色图层"，填充颜色#acacac，并修改图层的"不透明度"为20%，做好的效果如图7-23所示。边做边保存，存储为"7.5 案例950像素×690像素个性化分类导航图.psd"。

图7-23　新建950像素×690像素的空白文档，制作背景

02　创建新组并重命名为"导航入口"；新建空白图层，重命名为"白色"，用"矩形选框工具"绘制固定大小为910像素×650像素的选区，填充白色#ffffff，将图层的"不透明度"修改为60%；用"移动工具"移动"白色"图层，使其四周间距为20像素，效果如图7-24所示。精确尺寸的定位可以用参考线辅助完成。

图7-24　创建新组，添加标题和新的背景色块

03　创建多个新组，按左上、左下、右侧的顺序排布，最终效果如图7-25所示。另存为网店支持的格式"7.5 案例950像素×690像素个性化分类导航图.jpg"。练习时可参

考源文件"7.5 案例950像素×690像素个性化分类导航图.psd"。

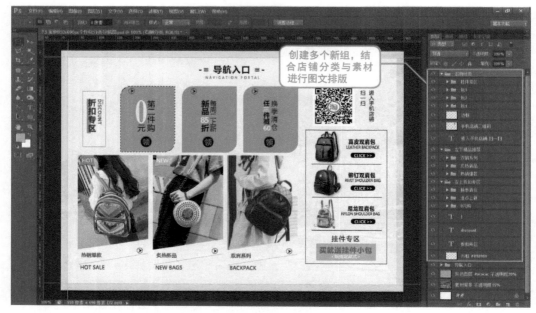

图7-25 创建新组，图文排版

> **小贴士** 1. 不规则形状的绘制思路：先绘制规则形状，再结合工具箱中的工具对规则形状进行增减。比如案例中既有直角又有圆角的长方形的制作步骤为：先用"圆角矩形工具"绘制半径为30像素的路径，再将半径改成0像素，修改参数为"合并形状"，在左下和右上两个角绘制直角路径，最后把整个路径转换成选区，填充颜色。实际上其原理就是选区的布尔运算。
>
> 2. 添加到图片中的二维码必须是淘系内店铺或宝贝的，否则无法成功上传到图片空间。

7.6 案例：950个性化客服中心+收藏店铺图片的设计

增加客服中心也就是把开启旺旺对话的入口单独制作放在醒目位置，其目的一方面是提醒买家有问题找客服；另一方面是方便增加一些告知性的内容，比如营业时间等。

　　排版方面一般使用950通栏，通常也顺带做一个收藏店铺的提示，将买家吸纳为潜在顾客。

　　本节操作演示案例如图7-26所示。需特别说明：目前没有收藏店铺并自动发放优惠券的应用或工具，也就是说收藏店铺和领取优惠券这两件事情不能同时完成，因此当您制作的图片同时出现收藏店铺和领取优惠券时，请分别添加两个链接地址。

图7-26　案例：950像素×300像素个性化客服中心+收藏提醒

　　制作步骤如下：

01　启动PS，新建950像素×300像素的空白文档；创建组并重命名为"左客服"，右侧预留300像素宽用来制作收藏和优惠券，其余650像素宽全部排版成客服中心的内容，效果如图7-27所示。边做边保存，存储为"7.6 案例950像素x300像素客服中心.psd"。

图7-27　新建950像素×300像素空白文档，添加组并排版

　　02　创建新组并重命名为"右收藏"；用"文字工具"创建多个文字图层，使用多工具组合制作信封等图标，操作多是常规图文排版不再赘述，成品效果如图7-28所示。特

别说明一下"收""藏"二字的处理方法：两个字分开制作，原理是将文字图层转换成像素图层后再变形。

用"文字工具"创建文字图层"收"，按【Ctrl】+【J】组合键复制并新建文字图层"收 副本"；隐藏图层"收"；单击选中图层"收 副本"，在图层标题上右击，弹出右键菜单，单击"栅格化文字"命令将其转换成普通像素图层；用"钢笔工具"将"收"字左侧"竖"的下方路径转换成选区，填充白色，再把右侧"反文旁"原有的空隙填充白色后抠掉一个小圆。

用同样的方法创建一个"藏"字的像素图层"藏 副本"；用"移动工具"从顶部标尺中拖动出一条水平参考线，用"矩形选框工具"绘制包含参考线以下"收"字右侧和"藏"字的选区，按【Delete】键删除；做成的效果如图7-28所示，课后练习时参考源文件"7.6 案例950像素×300像素客服中心.psd"。

图7-28　创建新组，制作收藏和优惠券

03 全部制作完成后，另存为网店支持的格式"7.6 案例950像素×300像素客服中心.jpg"。

7.7　案例：950个性化宝贝推荐模块的排版制作

个性化宝贝推荐模块是相对于旺铺后台内置的免费"宝贝推荐"模块而言的，后台的"宝贝推荐"模块只有固定格式，形式简单；而自己制作的话，排版样式灵活随心，并要安装到"自定义区"模块。制作时请保持整店的色彩、风格统一。

　　"自定义区"模块支持多种尺寸的布局，需要放在哪种布局单元，就按对应的尺寸作图。本节案例如图7-29所示，宽950像素，高度根据实际排版结果为4204像素。

图7-29　案例：950像素×4204像素个性化宝贝推荐图

　　长图的排版，一般知道宽度，高度未知，制作时可以预估一个值，再根据排版情况，裁剪掉多余的，不够的扩展画布；此技巧与前文讲过的详情页长图排版一样。

　　准备工作：提前发布宝贝生成链接地址、准备宝贝素材图。

　　本节案例的难度看似很高，但排版过程非常简单，也都为常规图文排版操作。具体步骤就不演示了，课后练习时参考源文件"7.7 案例：950个性化宝贝推荐.psd"。

　　建议大家用制作模板的思维排版，这样的话，换推荐宝贝时只需换掉宝贝图片，简单修改文字标题、价格即可；另外首页中如果添加两组的话，也只需替换宝贝图；省时、高效、方便！

　　用到的核心技巧：为宝贝图创建剪贴蒙版，可随意替换，如图7-30所示。全部制作完成后先另存为最高品质的"7.7 案例：950个性化宝贝推荐.jpg"，再切片加链接。7.10节将统一讲解安装步骤。

图7-30　核心技巧，制作模板+宝贝图创建剪贴蒙版

7.8　案例：950通栏海报图片的设计制作技巧

　　950通栏海报与1920全屏海报的制作技巧类似，依旧由背景+商品图+文字+素材点缀四部分构成，制作完成后安装到950"图片轮播"模块或950"自定义区"模块。

　　950"图片轮播"高度为100像素～600像素，图片的尺寸为950像素×（100～600）像素，建议高度为300像素以上。950"自定义区"模块高度没有限制，建议单张海报图最大高度不超过800像素。

　　海报的主题可以推荐店铺活动、某个单品或某场促销、某个分类，建议制作时风格、色调与整店统一。

　　本节案例950像素×380像素通栏海报效果如图7-31所示，制作过程：先做背景，再做中间圆+文字，最后做8个包包的主图。海报主题为推荐店内"每日上新"类目，安装时在该海报添加类目链接地址。

图7-31　案例：950像素×380像素的通栏海报图

制作步骤如下：

01　启动PS，新建950像素×380像素的空白文档；打开本节配套的"背景素材1.jpg"，复制并粘贴进来成为新的图层，重命名为"新背景"，添加"图层蒙版"，单击选中"图层蒙版缩览图"，用黑色画笔（画笔硬度0%、不透明度30%）将图像中色彩较重的部分适当涂抹；再把图层不透明度改成70%，效果如图7-32所示。边做边保存，存储为"7.8 案例：950像素×380像素通栏海报图.psd"。

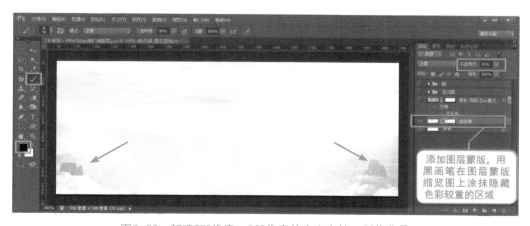

添加图层蒙版，用黑画笔在图层蒙版缩览图上涂抹隐藏色彩较重的区域

图7-32　新建950像素×380像素的空白文档，制作背景

02　制作菱形点缀层。创建新的空白图层，重命名为"菱形"，用"矩形选框工具"绘制一个60像素×60像素的正方形选区，用"渐变工具"拖动出从左往右的黑白线性渐变，按【Ctrl】+【T】组合键调出自由变换控件，旋转45°；然后多次复制"菱形"图层并移动对齐，直至铺满画布；再把所有复制的图层合并，依旧重命名为"菱

形"；将图层混合模式改成"柔光"，不透明度改成50%，添加"外发光"图层样式；添加"图层蒙版"，在"图层蒙版缩览图"中用黑色柔边画笔涂抹边界使其过渡自然。最终效果如图7-33所示。

图7-33　制作菱形点缀层，使背景富有立体感

03 制作中间的圆。创建新组并重命名为"圆"；添加新的空白图层，用"椭圆选框工具"绘制230像素×230像素的正圆，填充白色#ffffff，添加"描边"和"外发光"两种图层样式；用"移动工具"将圆移动至画布正中；把桃花、绿叶、花瓣等素材图分别复制进来排版处理成如图7-34所示效果，注意图层排序，有些在"白色圆"图层的上方，有些在它的下方；最后添加文字图层。

图7-34　用素材合成中间的圆，添加文字信息

04 处理包包主图。在"圆"组的下方创建新组并重命名为"宝贝图";添加新的空白图层并重命名为"白线",用"矩形选框工具"绘制三个950像素×4像素的矩形框,填充白色#ffffff,添加"内阴影"和"投影"两种图层样式,添加"图层蒙版",用黑色柔边画笔在"图层蒙版缩览图"中涂抹隐藏三条线的两端。

创建子组并重命名为"8个包包主图",把事先准备的8个包包图分别抠图后复制到子组成为独立图层,分别等比例缩小,分别用"移动工具"移动至满意位置,分别添加图层样式"投影",最终效果如图7-35所示。最后另存为网店支持的"7.8　案例:950像素×380像素通栏海报图.jpg"。

图7-35　处理包包主图并分别等比例缩小排版

7.9　案例:左侧栏190个性化分类图片的设计制作

旺铺内置基础模块中包含两个专门展示店铺分类的模块:"默认分类"和"个性分类",其样式、排版、字体、字号、文字大小等元素不能修改,当我们制作的首页装修模板其他地方都高端大气上档次,需要190/750布局且要添加分类模块时,用它们的话会显得格格不入。

我们可以自己制作个性化分类图替代分类模块,并安装到190"自定义区"模块,图7-36左侧为旺铺后台"默认分类"和"个性分类"添加到首页的效果,右侧是本节案例190像素×660像素的个性分类效果图。

本节案例的制作非常简单,就是文字工具、矩形选框工具、铅笔工具、直线工具的应用，操作步骤就不再演示了，课后练习时参考源文件"7.9 案例：190像素×660像素分类图.psd"。

制作完成后记得存储为店铺支持的格式"7.9 案例：190像素×660像素分类图.jpg"。

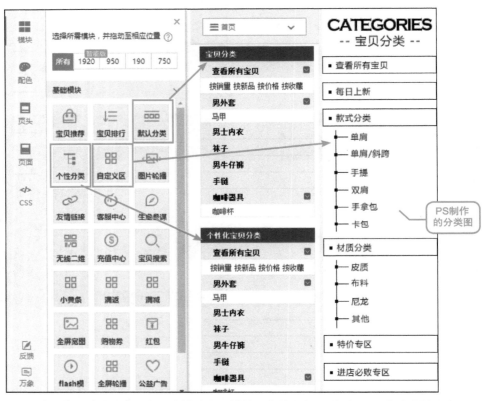

图7-36 旺铺后台"默认分类"和"个性分类"模块与本节案例190像素×660像素个性分类图

7.10 案例：用PS制作好的图安装到店铺的正确步骤

根据之前对首页的规划，图片全部制作完成后进入安装环节。将所有制作好的图片上传到图片空间备用（图片空间入口：卖家中心-店铺管理-图片空间）；所有需要添加一图多链接代码的图片提前制作完成备用，为图片添加多个链接，用Dreamweaver（简称DW）软件进行可视化操作，不会的读者用浏览器打开店址（mumu56.taobao.com）联系六点木木老师为您推荐视频课程。

安装顺序：建议从上而下。以淘宝电脑端旺铺智能版使用第一套"简约时尚官方模板"为例，安装步骤如下：

01 安装店铺招牌和页头背景图。第一步，将鼠标光标移动至首页页头区域"店铺招牌"模块上方，单击"编辑"按钮，如图7-37所示。

图7-37　将鼠标光标移动至首页页头区域"店铺招牌"模块上方，单击"编辑"按钮

第二步，单击选中"自定义招牌"，单击"插入图片空间图片"按钮，选择之前上传备用的950像素×150像素店铺招牌图，将"高度"改成150像素，单击"保存"按钮，如图7-38所示。

如果您的店招图要添加多个链接，切记不要用切片的方式，一定要用一图多链接的方式。有代码的，复制代码后粘贴到"源码"内。不会的读者用浏览器打开地址（mumu56.taobao.com）联系六点木木老师为您推荐一图多链接视频课程。

图7-38　选用"自定义招牌"上传店铺招牌图片

第三步，单击左侧"页头"按钮，展开页头编辑菜单，在"页头下边距10像素"单击

"关闭"按钮；单击"更换图"按钮上传页头背景图"7.2 页头背景1920x150.png"，背景显示"不平铺"，背景对齐选择"居中"；单击"应用到所有页面"，如图7-39所示。

　　页头背景图在店铺招牌图底层，950店铺招牌图以外的两端显示背景图的内容。至此，页头店铺招牌和背景图安装完成。

图7-39　编辑"页头"参数，上传1920像素×150像素页头背景图

02　调整首页布局，把不需要的模块全部删除，安装1920全屏海报图。第一步，单击"布局管理"按钮，布局编辑界面如图7-40所示，删除页面主体中模板自带的所有模块，删除部分布局单元，仅保留一个950/1920布局单元和一个190/750布局单元。

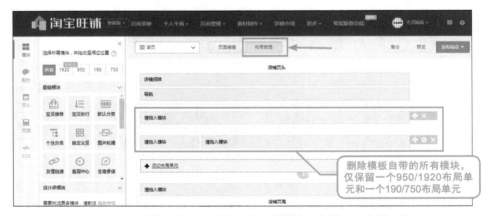

图7-40　调整首页布局，删除不需要的模块，安装1920全屏海报

　　第二步，单击"页面编辑"按钮，从1920模块中将"全屏宽图"模块拖动至950/1920

布局，将鼠标光标移至"全屏宽图"模块上方，单击"编辑"按钮，从图片空间选中之前上传的海报图"7.3 1920x540海报2.jpg"，单击"保存"按钮，效果如图7-41所示。

　　旺铺基础版没有950布局单元，专业版有950而没有1920布局单元，但都可以免费实现1920全屏海报效果，请用浏览器打开店址（mumu56.taobao.com）联系六点木木老师为您推荐实现方法的视频课程。

图7-41　添加1920全屏宽图模块并编辑模块上传图片

　　03　安装优惠券模块。优惠券为付费工具，需付费订购方可使用，一定要订购官方的工具，订购入口：在服务市场（fuwu.taobao.com）搜索"优惠券 官方"，1个季度起订，每季度18元。根据之前制作的优惠券图片面值创建并生成链接，然后在DW软件中编辑一图多链接代码备用，不会的同学用浏览器打开店址（mumu56.taobao.com）联系六点木木老师为您推荐一图多链接视频课程。

　　第一步，从950模块中将"自定义区"模块拖动至950/1920布局，放在"全屏宽图"模块下方，如图7-42所示，将鼠标光标移动至"自定义区"模块上方，单击"编辑"按钮。

　　第二步，"自定义区"模块编辑界面如图7-43所示，单击选中"不显示"标题，单击"源码"按钮，将之前做好备用的优惠券一图多链接代码复制并粘贴到空白区域，单击"确定"按钮，完成优惠券模块安装。

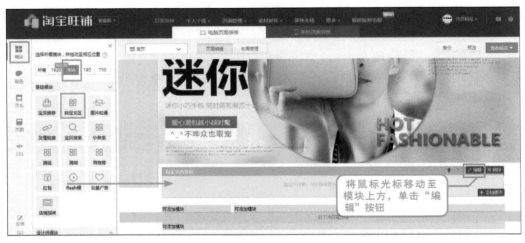

图7-42　添加950自定义区模块

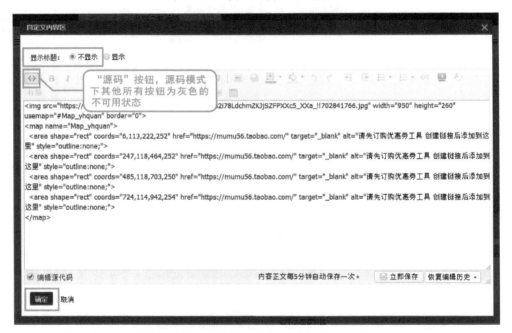

图7-43　将之前做好备用的优惠券一图多链接代码复制并粘贴到"源码"内

04 安装950分类导购图，依旧选用"自定义区"模块。"7.5 案例950像素×690像素个性化分类导航图.jpg"需提前添加链接代码备用。

将950"自定义区"模块拖动至优惠券模块下方，单击"编辑"按钮，再单击"不显示"标题，然后将之前做好备用的代码复制并粘贴到"源码"模式下，单击"确定"按钮完成安装，效果如图7-44所示。

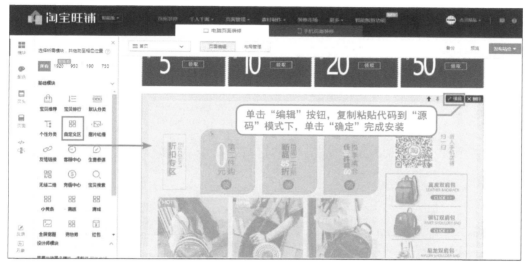

图7-44　添加950"自定义区"模块安装个性分类导航图

05　安装个性化客服中心，也用"自定义区"模块。"7.6 案例950像素×300像素客服中心.jpg"需提前制作，同步旺旺上下线代码备用，制作过程稍微复杂些，先利用PS软件切片导出表格代码，再到DW软件中编辑。要使用表格嵌套相关技巧，不会的读者用浏览器打开店铺地址（mumu56.taobao.com）联系六点木木老师为您推荐制作过程的视频课程。

将950"自定义区"模块拖动到个性导航模块下方，单击"编辑"按钮，再单击"不显示"标题，然后将之前做好备用的代码复制并粘贴到"源码"模式下，单击"确定"按钮完成安装，效果如图7-45所示。单击旺旺小图标可以发起对话，收藏和优惠券为两个链接，可分别单击实现收藏店铺和领取优惠券。

06　安装个性化宝贝推荐模块，还是用"自定义区"模块。"7.7 案例：950个性化宝贝推荐.jpg"高度为4204像素，太大了，必须先切片然后分别添加一图多链接代码。先用PS软件切片导出表格代码和图片，再用DW软件编辑修改代码。不会的读者用浏览器打开店铺地址（mumu56.taobao.com）联系六点木木老师为您推荐制作过程的视频课程。

将950"自定义区"模块拖动到个性客服中心模块下方，单击"编辑"按钮，再单击"不显示"标题，然后将之前做好备用的代码复制并粘贴到"源码"模式下，单击"确定"按钮完成安装。

在个性化宝贝推荐模块的下方还可以再添加一个1920的"全屏轮播"模块，让整个首页排版错落有致。将1920"全屏轮播"模块拖动到个性化宝贝推荐模块下方，编辑添加全屏海报图，效果如图7-46所示。

图7-45　添加950"自定义区"模块，安装同步旺旺上下线的个性客服中心

图7-46　添加1920"全屏轮播"模块并编辑添加轮播海报图

全屏轮播图尺寸为1920像素×540像素，最少添加2组，最多可添加5组。

07 安装950通栏海报图。将950"自定义区"模块拖动到"全屏轮播"模块下方，单击"编辑"按钮，如图7-47所示。单击"不显示"标题，先插入之前上传好的"7.8 案例："950像素×380像素通栏海报图.jpg"，再单击"插入链接"按钮为图片添加链接，单击"确定"按钮完成安装。一图一链接，直接在"自定义区"模块中编辑即可，无需到DW软件中制作代码。

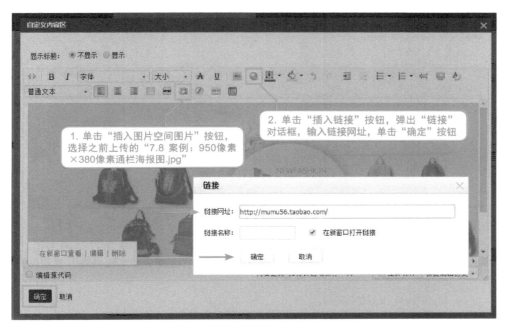

图7-47 在950"自定义区"模块中添加950像素×380像素的通栏海报图

08 安装左侧190个性分类图。"7.9 案例：190x660分类图.jpg"需提前制作一图多链接代码备用。第一步，将190"自定义区"模块拖动到190/750布局单元左侧，如图7-48所示；第二步，单击"编辑"按钮，选择"不显示"标题，将提前做好的代码复制并粘贴到"源码"模式内，单击"确定"按钮完成安装。

右侧可以自制750个性化宝贝推荐模块，用750"自定义区"模块安装；也可以添加750"宝贝推荐"模块，或者按您自己的想法添加内容。为了排版整齐，建议使190/750布局单元左右两侧添加的内容高度一致。

09 从上到下全部安装完成后，单击右上角"发布站点"按钮。只有成功发布，买家才能看到装修效果。

图7-48　将190个性分类图添加到190"自定义区"模块

小贴士： 1. 第7章以淘宝旺铺智能版使用第一套简约时尚官方模板为例讲解整个首页的布局、作图、安装过程，其他旺铺版本和其他内置免费模板的装修步骤完全类似。

2. 除了讲解的技巧，店铺装修过程中一定还会有非常多的其他问题，如果您无法解决，可以用浏览器打开店址（mumu56.taobao.com）联系六点木木老师为您推荐合适的视频课程。

3. 熟悉不同旺铺版本和内置模块的功能非常重要，它能帮助您非常清楚地知道哪些效果可以实现，哪些无法实现，哪些要用扩展代码实现。

4. 每个人对店铺首页装修布局会有不同的看法，只要方法学会，掌握技巧，可以灵活变化。

5. 在店铺经营过程中，内功方面详情页优化和首页装修优化非常重要，请认真对待。

第8章

手机端店铺装修排版设计

淘宝手机端店铺分为基础版和智能版，装修后台布局一模一样，只是功能不同。手机端旺铺装修后台入口：卖家中心 → 店铺管理 → 店铺装修 → 手机端，装修界面如图8-1所示。

图8-1　手机端旺铺装修界面

8.1　手机端店铺首页的整体装修规划技巧

手机端店铺首页装修规划正确步骤：①确定旺铺版本 → ②确定使用哪套模板（内置一套永久免费的官方模板；可订购付费模板） → ③装修页头店招 → ④熟悉选用的模板中有哪些模块，每一个模块可以实现哪些效果，确定店铺首页中间主体部分从上到下添加哪些内容 → ⑤确定要添加的内容用哪些模块承载 → ⑥按承载模块的尺寸制作图片 → ⑦编辑模块内容 → ⑧装修页尾自定义菜单 → ⑨保存发布，完成装修。

智能版每月99元，一年下来就要1188元，很多卖家选择使用免费的基础版，本章我们就以免费的基础版为例讲解装修过程。

手机端店铺首页装修比电脑端简单得多，编辑界面如图8-2所示。因为基础版和智能版界面一样，区别只是有些模块仅供智能版使用，用基础版的话，不理这些模块即可。

基础版内置一套永久免费官方模板，所有使用基础版装修的后台默认套用该模板，无需切换。如果您订购了付费模板，切换时只需单击"模板"按钮，在新开的模板列表页中将鼠标光标移动至模板缩览图上方单击"使用模板"按钮即可。

"装修"界面是左中右三栏布局，左侧是模块列表，中间是手机店铺首页模块编辑区，右侧是模块详情编辑区，比如图8-2的右侧就是"单列图片模块"的内容编辑界面。

首页最多可添加30个模块，您可以将默认的模块全部删除，然后根据装修规划从左侧模块列表中拖动承载内容的模块到中间编辑，全部装修完成后单击右上角的"发布"按钮。

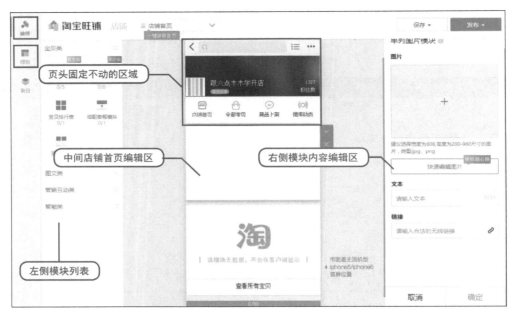

图8-2　手机端店铺首页装修界面

手机店铺装修环节中，最重要的是：确定店铺首页中间主体部分从上到下添加哪些内容，这些内容由哪些模块承载，根据模块尺寸作图。

电脑端首页的布局和模块宽度都相对固定，制作图片时宽高尺寸变化不大，而手机端首页模块与模块之间的区别很大，对图片尺寸的要求也更多样化。因此，我们反复强调，一定要先选好承载模块，再按模块尺寸作图；不建议全部做在一张长图上，而是不同模块图分开单独制作。

电脑端首页装修完成并发布后，直接在浏览器里面就能看到完整的装修效果；而手机端首页装修完成后，到"手机淘宝"或"天猫"App里面才能看到完整效果。所以请在手机或平板电脑上先安装"手机淘宝"和"天猫"两个应用，手机店铺装修完成后扫码查看效果。

还有一个问题：电脑端与手机端旺铺是完全不同的版本，肯定无法做到两端首页的呈现效果一样，您可以把在电脑端展示的要点重新排版后按手机端的规则展现。

建议一定要先发布宝贝，且宝贝都为上架状态，数量越多越好！手机端与电脑端另一个最大的区别为"更加以宝贝为中心"，您会发现手机店铺装修任何时候都离不开宝贝，没有宝贝的话，很多模块展现都是空白或无法编辑的。并且手机端为图片添加链接地址时，只能从已有链接中选用，不能像电脑端一样复制并粘贴链接地址或脱离后台用DW软件编辑代码。目前手机端店铺装修也好、详情描述编辑也好，都不支持代码。

下面我们也以包包店铺为例，对首页从上到下呈现的内容进行规划：上新活动焦点图用"单列图片模块"，领取优惠券用"优惠券模块"，六个主推单品用两个"单列图片"和两个"双列图片"共四个模块，分类导航用"自定义模块"，两个主推单品用"轮播图模块"，个性化单品宝贝推荐用"自定义模块"，新老买家不同活动图用"新老客模块"，类目新品展示用"智能双列模块"。

可以做完一个模块的图再安装一个模块，也可以所有图片做完后一次性安装。

8.2　案例：首页顶部固定不动的新版店招装修技巧

手机店铺在"手机淘宝"或"天猫"App中查看，而这两个应用会不定期升级，所有的改版也好、规则变化也好，都是为了更好的用户体验，让买家用起来更顺畅，卖家要做的就是去适应这种改变，跟着规则去更新和改变自己的店铺装修。

手机端页头店铺招牌的位置固定不动，如图8-3所示，在店铺招牌上任意位置单击，右侧展开其详情编辑界面，"旧版店招"不用去管，当前只需设置"新版店招"。

"店铺名称"和"店铺LOGO"调用淘宝网"卖家中心"→"基础设置"→"店铺基础设置"中的"店铺名称"和"店铺标志"，如果您之前已经设置过，这里同步显示。如果没设置，单击"修改"或"更改LOGO"设置即可。

新版店招图片分为"官方推荐"（默认）和"自定义上传"。"官方推荐"的店招图有9个，单击切换即可；单击"自定义上传"，可添加750像素×254像素的.jpg或.png格式图片。

建议在自己制作的店招图片上不要添加文字。

注意：自定义上传的店招图无法删除，可以上传另外一张替换，或者切换到"官方推荐"，选用任意一张推荐图，单击"确定"生效后，之前自定义上传的店招图被清空。

店招下方的四组标签"店铺首页""全部宝贝""新品上架""微淘动态"也是固定不动的，标签名称也无法修改。

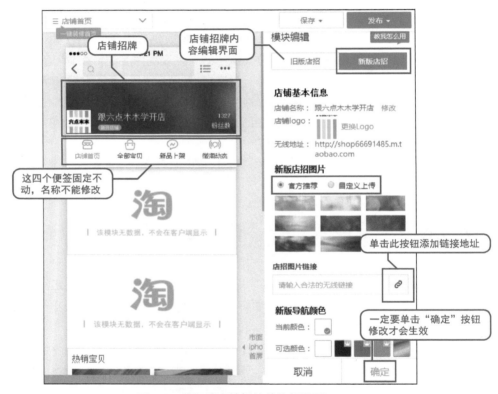

图8-3　手机端店铺招牌的编辑界面

8.3　案例：焦点图的实现方法和图片制作技巧

所谓"焦点"就是需要被重点展示和推荐的内容，展示效果大气，承载焦点内容的焦点图与电脑端1920海报图或950海报图类似，其内容主体可以为某场活动、某次促销、某个主推宝贝、某个推荐的店铺类目等。

在手机端旺铺基础版中，能承载焦点图，展示效果比较大气的模块有：

1. "单列图片模块"，图片尺寸为608像素×（200～960）像素，格式为.jpg或.png。

2. "轮播图模块"，最多可添加4组，图片尺寸为640像素×320像素，格式为.jpg或.png。

3. "自定义模块"，最多可以分割10小格，添加10张图片，只添加一张图片时，最大尺寸为608像素×988像素，格式为.jpg或.png。

4. "活动中心模块"，需创建活动；该模块的图片可以不填，不填时使用系统默认图片；但建议自制608像素×361像素的图片上传，格式为.jpg或.png。

5. "新老客模块"，适合针对店铺新客户和老客户举行不同活动时使用，图片尺寸为608像素×336像素，格式为.jpg或.png。

您计划用哪个模块，就按该模块的尺寸作图。制作焦点图与制作海报图的技巧类似，只是手机端图片尺寸整体偏小，建议图片上主要文案使用的字号不小于36点。

按照8.1节中对首页的规划，需要一张放到"单列图片模块"的上新活动焦点图、两张放到"轮播图模块"的主推单品图，接下来就是制作这三张图。

上新活动焦点图效果如图8-4所示，尺寸为608像素×320像素，使用PS制作的过程为：先处理背景，再处理包包主图，最后添加文字。具体步骤不再演示，课后练习参考源文件"8.3 案例：608像素×380像素焦点图.psd"；制作完成后记得存储为网店支持的格式"8.3 案例：608像素×380像素焦点图.jpg"。

图8-4　案例：608像素×380像素的上新活动焦点图

这个案例的制作难点为添加倒影和柔光，下面演示步骤：

01 打开素材"手提包4.jpg"，用魔棒工具抠图，把抠图后的图层复制并粘贴到组内成为新的图层，重命名为"包包"并等比例缩小，用"移动工具"移动至合适位置，效果如图8-5所示。

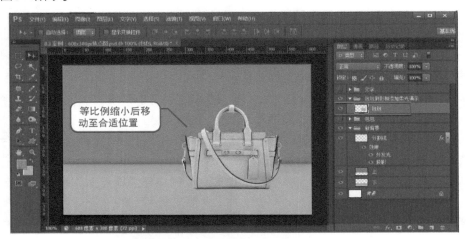

图8-5　包包抠图后复制并粘贴成为新图层并等比例缩小

02 单击选中图层"包包"，按【Ctrl】+【J】组合键一次，得到其副本图层，重命名为"包包 倒影"。单击选中"包包 倒影"图层，执行"编辑"→"变换"→"垂直翻转"命令，然后用"移动工具"将翻转后的倒影图层向下移动与"包包"图层底部对齐，效果如图8-6所示。

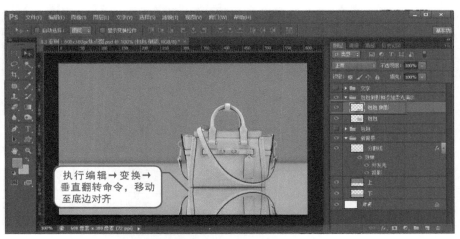

图8-6　复制图层"包包"，制作倒影图层

03 设置前景色/背景色为默认黑白，选中"渐变工具"，设置其参数为"前景色到透明渐变"和"线性渐变"；为图层"包包 倒影"添加矢量蒙版，单击选中"图层蒙版缩览图"，用渐变工具从下往上拖动渐变，效果如图8-7所示。至此，倒影制作完成。

图8-7　用渐变工具在图层蒙版缩览图上设置线性渐变

04 制作柔光层。先做提亮包包的柔光，设置前景色为白色#ffffff；在"包包 倒影"图层上方创建新图层，重命名为"柔光1"并将其选中，按下【Ctrl】键的同时单击图层"包包"的图层缩览图调出包包选区，按【Alt】+【Delete】组合键将选区填充白色，修改"柔光1"图层的"不透明度"为10%，效果如图8-8所示。至此，提亮包包的柔光层制作完成，不透明度10%仅供参考，按需设置。

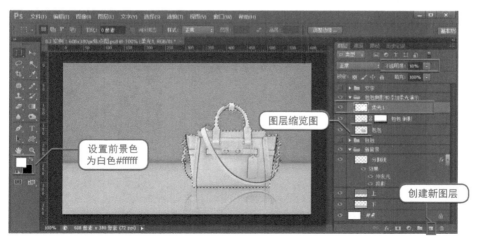

图8-8　制作提亮包包的柔光层

05 制作背景柔光层。设置背景色为#fbe5ee，在"包包"图层下方创建新图层，重命名为"柔光2"并将其选中；用"椭圆选框工具"绘制正圆选区，按【Ctrl】+【Delete】组合键将选区填充成背景色，效果如图8-9所示；按【Ctrl】+【D】组合键取消选区。

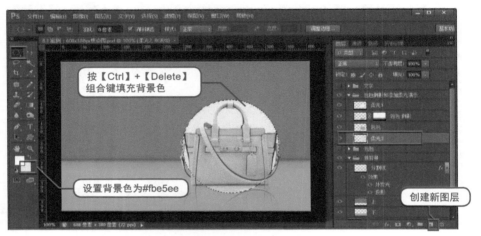

图8-9 制作背景柔光层

06 执行"滤镜"→"模糊"→"高斯模糊"命令，打开高斯模糊面板，如图8-10所示，"半径"修改为55像素，单击"确定"按钮完成滤镜设置。

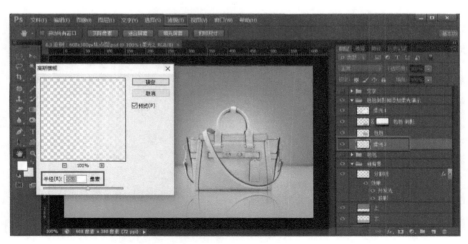

图8-10 为图层"柔光2"添加滤镜高斯模糊

07 用相同的步骤和方法，添加新图层"柔光3"，填充白色#ffffff后执行"滤镜"→"模糊"→"高斯模糊"命令，效果如图8-11所示。至此，倒影和柔光层全部制作完成。

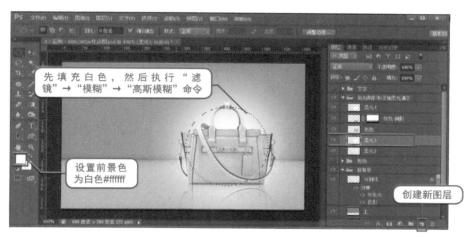

图8-11 再增加一层白色柔光

放到"轮播图模块"的两张主推单品图效果如图8-12所示，尺寸为640像素×320像素，该案例是非常简单的图文混排，就不再演示步骤了，课后练习时参考源文件。

图8-12 案例：640像素×320像素的两张主推单品轮播图

　　手机店铺装修可以做完一张图并安装一个模块，焦点图和单品图已经做好了，接下来分别安装到对应模块。

　　打开手机店铺装修界面，将模板上原有的模块全部删除，然后从"图文类"中找到"单列图片模块"和"轮播图模块"，分别拖动至首页编辑区，分别编辑两个模块，将图片上传，效果如图8-13所示。一定记得单击"保存"按钮后，再去制作其他图片。

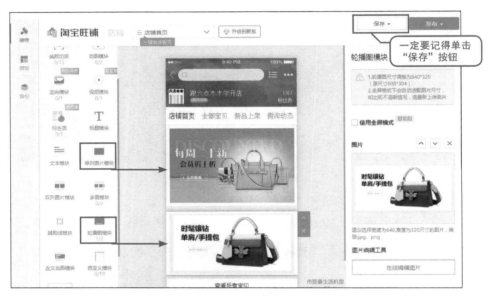

图8-13　手机店铺首页添加单列图片模块和轮播图模块，上传图片

8.4　案例：手机店铺优惠券的添加技巧

　　手机店铺"营销互动类"有一个专门的"优惠券模块"，同步官方优惠券的数据。如果您订购的是服务市场第三方其他优惠券工具，不能同步数据至此，必须付费订购成功后才能使用。

　　该模块最多同时展示6个不同面值的优惠券，选择展示1个时，自定义上传的图片尺寸为608像素×152像素；展示2个时，图片尺寸为296像素×152像素；展示3、4、5、6个时，图片尺寸为256像素×152像素；格式都为.jpg或.png。您计划展示几个，就按照对应的尺寸作图。

完整的优惠券安装步骤如下：

01 订购官方优惠券工具，订购入口：卖家中心 → 营销中心 → 店铺营销工具 → 优惠券 → 淘宝卡券 → 立即订购。

02 创建优惠券，如图8-14所示。淘宝卡券包含店铺优惠券、商品优惠券、包邮券，需要哪种就创建哪种。

图8-14 优惠券创建入口

03 手机店铺装修界面添加"优惠券模块"，单击选中"手动添加"-"自定义"，获取图片尺寸，如图8-15所示。

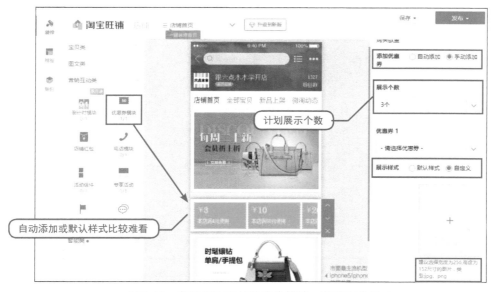

图8-15 装修界面添加优惠券模块，获取图片尺寸

04 打开PS软件，按尺寸要求制作优惠券图片，本节案例展示3个，尺寸均为256像素×152像素，如图8-16所示。纯粹的文字排版，不再演示步骤，课后练习时参考源文件。

图8-16　使用PS软件按尺寸要求制作优惠券图片

05 回到装修界面，编辑优惠券模块内容，如图8-17所示，图片与优惠券面值一一对应。编辑完成后记得单击右上角"保存"按钮。至此，优惠券模块添加完成。

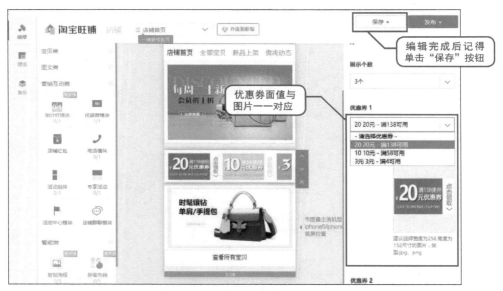

图8-17　把制作好的图分别上传到模块中

8.5　案例：个性化主推单品的排版形式和图片制作技巧

店铺装修说白了就是展示商品，好比到街上租一个门面卖服装，门面租来都是空的，您得自己考虑买什么样的货架把衣服合理地挂出来。网店装修也是一样的道理，模块就是现成的货架，您要思考怎么排版更有吸引力。

首页推荐宝贝不在多、也不在全，而在推荐卖得好的和买家喜欢的宝贝。

基础版中可以展示单品的模块分为：自动展示宝贝默认主图和可以自制上传宝贝主图两种。自动展示宝贝默认主图的模块有"智能单列宝贝-基本模式""智能双列-基本模式""宝贝排行榜"；可以自制上传宝贝主图的模块包含"单列图片模块""双列图片模块""多图模块""轮播图模块""左文右图模块""自定义模块"和"新老客模块"。

前文我们规划：用两个"单列图片"和两个"双列图片"共四个模块展示六个主推单品，用"新老客模块"展示针对新老买家不同折扣的宝贝，用"智能双列模块"展示店内上新类目单品；接下来先作图，后安装。

"单列图片模块"图片尺寸为608像素×(200～960)像素，格式为.jpg、.png，我们制作尺寸为608像素×620像素的图片。有模特的实拍图建议高度值大一些，反之，小一些。

"双列图片模块"图片尺寸为296像素×160像素，格式为.jpg、.png；

"新老客模块"　图片尺寸为608像素×336像素，格式为.jpg、.png。

三类模块需要八张图片，全部在PS软件中处理，做好的效果如图8-18所示。最关键的是准备您要推荐的宝贝素材图，然后按尺寸制作即可，本节案例都是简单的图文排版，不再演示具体步骤，课后练习时参考源文件。

图8-18　案例：三类模块需要八张图片

关于文字颜色和背景颜色的配色技巧：用"吸管工具"从宝贝图中获取颜色值。

最后一步便是将制作好的图分别安装到对应模块，如图8-19所示，模块排序请按之前规划的从上往下的顺序。大家课后练习时可以直接将配套素材图上传到对应模块，看看安装后的整体效果，素材仅供练习。课后参考源文件作图时，记得参照文字字号，之前咱们说，主文案建议36点以上，但具体情况具体对待，有些情况下的排版可能放不下36点，30点以上也可以。

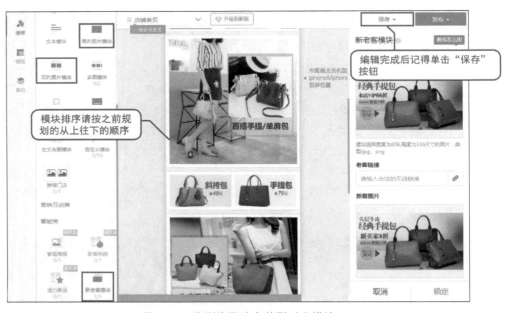

图8-19 分别将图片安装到对应模块

8.6 案例：分类导购图的排版形式和图片制作技巧

在基础版内置的免费模板中能承载个性化分类导购图的是"自定义模块"，首页最多能添加10个"自定义模块"，每个"自定义模块"可以添加最多10张小图。

正确步骤：先添加"自定义模块"规划布局获取尺寸，再按尺寸制作图片。本节案例为分类导购图规划的排版样式，如图8-20所示，①～⑩代表图片的安装顺序，（4x6）代表水平方向4格、垂直方向6格。

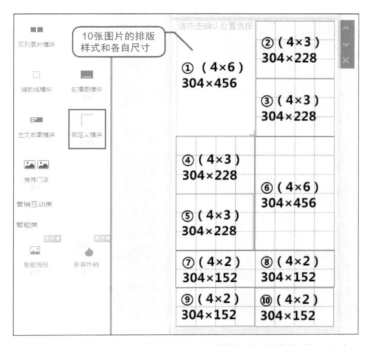

图8-20　添加"自定义模块"为分类导航图规划布局获取尺寸

接下来制作图片时，可以先全部做在一张大图上，大图尺寸宽=304+304=608像素，高=456+456+152+152=1216像素，再切片成10张小图，最后分别上传到模块对应位置。

制作步骤如下：

01 启动PS，新建608像素×1216像素的空白文档，根据图8-20中10张图片的尺寸创建水平和垂直参考线，如图8-21所示。创建10个组，分别命名为1～10，每一个组里新建一个空白图层，分别一一对应10张图片的尺寸，绘制10个矩形选区并填充任意颜色。边做边保存，存储为"8.6 案例：608x1216个性分类导购图.psd"。

02 依次为"组1"到"组10"添加图片和文字，效果如图8-22所示。将最终结果存储为最高品质的"8.6 案例：608x1216个性分类导购图.jpg"。

03 打开"8.6 案例：608x1216个性分类导购图.jpg"，选中"切片工具"，单击"基于参考线切片"按钮，将大图切成24的切片，如图8-23所示。接着将不能被拆分的切片组合：先按【Ctrl】键单击选中一个切片，再同时按【Ctrl】+【Shift】组合键单击选中多个切片，最后在选中的切片任意位置右击，在展开的右键菜单中单击"组合切片"。重复这个步骤，直至最后保留10个完整切片。

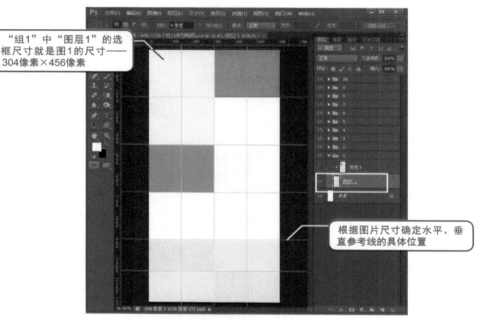

"组1"中"图层1"的选框尺寸就是图1的尺寸——304像素×456像素

根据图片尺寸确定水平、垂直参考线的具体位置

图8-21　新建608像素×1216像素的空白文档，布局参考线

用提前准备的素材图依次为"组1"到"组10"添加图片和文字

图8-22　依次为"组1"到"组10"添加图片和文字

在"裁剪工具"上方右击选中"切片工具"

单击"基于参考线切片"按钮

先按Ctrl键单击选中一个切片，再同时按Ctrl+Shift组合键单击选中多个切片，最后在选中的切片上右击展开右键菜单，单击"组合切片"

图8-23　用"切片工具"切片并将不能被拆分的切片组合

04 执行"文件"→"存储为Web所用格式"命令，将切片存储为10张独立的图片。

05 将10张图片按序依次上传到"自定义模块"中，如图8-24所示，记得编辑完成后单击"保存"按钮。至此，个性化导航图制作安装完成。

编辑完成后记得单击"保存"按钮

按制作序号依次添加

图8-24　将10张图片依次上传到"自定义模块"的对应位置

8.7　案例：不规则宝贝推荐图的排版制作技巧

前文8.5节中"单列图片模块""双列图片模块"和"新老客模块"规定了图片尺寸，制作上传的宝贝图也多是中规中矩的，而8.6节中"自定义模块"添加的分类导航图为根据自己的布局确定图片尺寸，变化多样，属于不规则排版。

本节我们要讲解的不规则宝贝推荐图也是用"自定义模块"实现的，先添加模块确定布局获取图片尺寸，再制作图片，最后安装。

第一步：添加"自定义模块"，划分10张图片，尺寸和布局如下。

第1行1张图尺寸为608像素×532像素（横8格×竖7格）；

第2行2张图尺寸为304像素×456像素（横4格×竖6格）和304像素×456像素（横4格×竖6格）；

第3行1张图尺寸为608像素×608像素（横8格×竖8格）；

第4行2张图尺寸为304像素×532像素（横4格×竖7格）和304像素×532像素（横4格×竖7格）；

第5行3张图左1张右2张，左侧图尺寸为304像素×684像素（横4格×竖9格），右侧图尺寸为304像素×380像素（横4格×竖5格）和304像素×304像素（横4格×竖4格）；

第6行1张图尺寸为608像素×152像素（横8格×竖2格）。

第二步：使用PS软件制作这些图片。建议做成一张大图然后切片，大图尺寸为608像素×2964像素。步骤如下：

01　启动PS，创建608像素×2964像素的空白文档，按第一步规划的图片尺寸创建水平和垂直方向的参考线，如图8-25所示。创建6个组，分别把10个宝贝主图复制并粘贴进来排版；制作完成后先存储为"8.7 案例：608像素×2964像素不规则宝贝推荐图.psd"，再另存为最高品质的"8.7 案例：608像素×2964像素不规则宝贝推荐图.jpg"。

02　打开"8.7 案例：608像素×2964像素不规则宝贝推荐图.jpg"，用"切片工具"切片并保存。

03　把图片依次上传到"自定义模块"，如图8-26所示。10张图片全部上传后记得单击"保存"按钮。至此，完成不规则宝贝推荐图的制作和安装。

> **小贴士：** 不规则宝贝推荐最关键的是在PS软件中排版的样式，排版样式好看，整个档次就上去了，如果您没有太多的创意，可以去借鉴装修市场（zxn.taobao.com）的无线店铺模板。

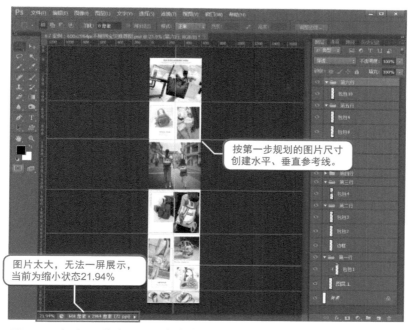

图8-25　新建608像素×2964像素的空白文档，创建参考线，添加宝贝主图

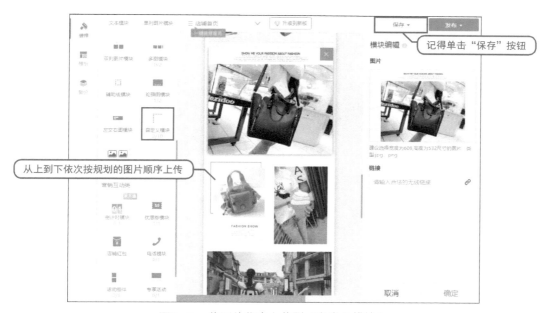

图8-26　将图片依次上传到"自定义模块"

8.8　案例：首页底部固定不动的自定义菜单编辑技巧

　　自定义菜单的编辑入口不在店铺装修界面，而在无线运营中心：在浏览器地址栏输入无线运营中心首页地址（wuxian.taobao.com）并打开，用开店卖家账号登录，单击左侧"店铺装修"，单击"自定义菜单"，如图8-27所示。

图8-27　无线运营中心"自定义菜单"编辑入口

　　成功创建自定义菜单模板，其状态为"使用中"，会在手机店铺首页第一屏底部显示，如图8-28所示。单击"创建模板"按钮新建菜单模板。

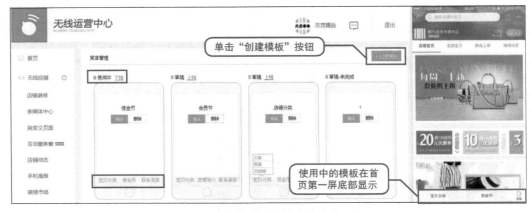

图8-28　成功创建的自定义菜单

　　创建自定义菜单只需两步：单击"创建模板"按钮，进入第一步填写"模板名称"，比如输入"双十一"；单击"下一步"按钮进入第二步菜单内容编辑界面，如图8-29所示，可以创建多个模板，但只能有一个模板在线。

图8-29 自定义菜单编辑界面

小贴士：1. 旺铺后台操作界面或不同旺铺版本的功能会不定期改版，同一个模块支持的图片尺寸也可能被调整，特别是手机端的模块，请以您自己店铺装修后台的提示为准。

2. 旺铺装修历经多次改版，但万变不离其宗，大家只要抓住装修的思路、步骤和方法，不管怎么变，都可以轻松应对。

3

第三类美工秘技

活动推广图设计制作

前面第1章至第8章主要针对店铺内部最重要的详情图和装修图进行设计制作，本部分主要针对店外运营引流、报名活动所需的图片进行设计制作。

不同渠道的要求不同，我们帮您厘清规则，让满足要求的图片成为您活动通关的利器！

第9章
活动推广类图片设计制作

9.1 案例：天天特价活动报名图

　　天天特价频道是以扶持中小卖家为宗旨的官方平台，唯一官网地址为 tejia.taobao. com，扶持对象为淘宝网集市店铺（即只招商集市商家）。

　　天天特价频道目前有：类目活动、10元包邮、主题活动3大块招商，其中类目活动、10元包邮为日常招商，主题活动为不定期开设的特色性招商，其规则会区别于日常招商。报名界面如图9-1所示。报名入口：https://tejia.taobao.com/rule/calendarNew.htm。

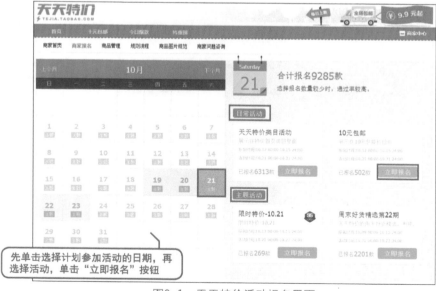

图9-1　天天特价活动报名界面

报名活动时，需上传两张图片，一张"活动商品图"、一张"手淘首页资源位图"，如图9-2所示。这两张图都不是发布宝贝时添加的电脑端或手机端宝贝主图，需另外制作。

图9-2 天天特价活动报名表单

为了更好地把您的商品展示给消费者，天天特价制订了商品图片规范，符合规范的高品质图片能吸引消费者的眼球，获得更多点击量，不符合规范的商品图片将导致审核不通过。

重要提醒：如果活动期间发现图片不符合要求，会被取消当次活动资格，盗图、侵权等情节严重者将永久拒绝合作。

"活动商品图"制作规范：

图片尺寸为：480像素×480像素；格式为：.jpg；品质大小为：不超过1MB；图片背景为：白底，纯色，浅色背景或者场景图均可。

要求：图片清晰，主题明确且美观，不拉伸变形、不拼接，无水印、无LOGO、无文字信息；商品图片主题突出，易于识别，不会产生歧义，构图完整、饱满。

"手淘首页资源位图"制作规范：

图片尺寸为：800像素×800像素；格式为：.jpg；品质大小为：不超过1MB。只要您的商品通过了当天的审核，并且上传的报名图满足条件：白底商品图、没有"牛皮癣"（不含任何文字/LOGO），如果是带模特的图，没出现头像，且只有1个模特，就有机会出现在手机淘宝首页上。

如果您对成功报名的活动图没概念，可以打开天天特价首页（tejia.taobao.com），参照已经报名成功的商品活动图，如图9-3所示。

图9-3　活动图制作参考已成功报名的单品主图

当您清楚地知道天天特价需要什么样的图后，接下来根据尺寸要求作图更容易通过审核。通过查看大量案例，您会发现商品实拍图是最好的素材！您只需在拍摄商品时选好角度，布置合适的光源、背景，图片拍摄完成后使用PS软件适当校色、调亮，再按要求裁剪尺寸。

第1章讲宝贝主图设计制作时已经讲解了PS软件裁剪方面的技巧,这里不再赘述,有遗忘的话,回去再看几遍。

9.2 案例:淘金币活动报名图

淘金币是官方自运营的平台,唯一网址为taojinbi.taobao.com,卖家可以报名将商品展示到平台获取流量和成交。

报名入口:用浏览器打开淘金币首页(taojinbi.taobao.com)→ 单击右上角"卖家中心"→ 单击"报名活动"→ 单击"日期",选择活动后单击"立即报名",填写报名信息界面如图9-4所示。必须上传一张"活动商品图"和一张"商品白底图",二者均要求尺寸为800像素×800像素、格式为.jpg、品质大小不超过1MB、图片上不能有文字。

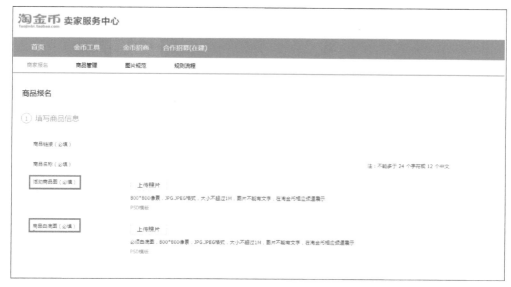

图9-4 淘金币商品报名表单

"活动商品图"制作要求:

图片必须简洁,所突出的内容在中心位置,背景真实,可以为白底;禁止任何牛皮癣,禁止有任何其他文案内容;在有模特展示的情况下,保证模特位置在中心位置,背景不能太复杂；纯物品类需保持物品区域占比高，背景不能太过复杂。

　　规则说明：在有模特展示的情况下，尽量保证模特位置在中心，整体占比越高越好（建议占比50%以上），并且背景不能太过复杂；纯物体类需保持物品区域占比尽量撑开饱满（建议占比80%以上），并且背景不能太过复杂。

　　"商品白底图"制作要求：

　　图片中包含完整商品展示，必须简洁，纯白底图；禁止任何牛皮癣，禁止裁剪边界，禁止有任何其他文案内容；禁止图片中出现模特，只允许有商品本身；禁止以任何方式在任何位置打品牌标志。

　　规则说明：在能够完整展示商品图的前提下，以商品图中心区域为原点所出发的最远切线所触及到容器边界为合理的展示范围，如图9-5所示。

　　不同类目商品制作时有稍许差异，本节配套的素材文件夹中准备了官方制作的模板，大家可以直接套用。

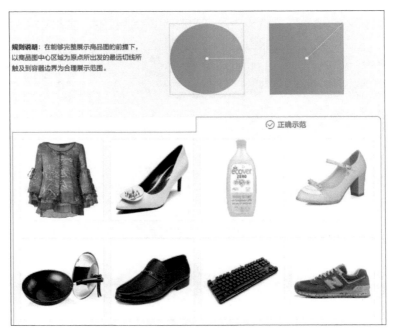

图9-5　商品白底图制作说明及正确示范

　　对官方活动来说，白底图被需要的场景很多，掌握PS软件快速制作白底图的技巧会非常实用，本书第1章"1.12　引流必备的宝贝白底主图的制作技巧"中已经操作演示过步骤，这里不再赘述，有遗忘的话，回去再看几遍。

9.3　案例：淘宝、天猫直通车创意主图

淘宝、天猫直通车是按点击量付费的引流工具，电脑端通过淘宝网首页的"宝贝"搜索关键词，比如"皮衣女外套"，搜索结果页的第一页左侧列表的第1个（第二页开始第一行前3个）、右侧"掌柜热卖"从上到下的12个、底部"掌柜热卖"从左往右的5个都是直通车单品广告位，如图9-6所示。一个关键词的搜索结果页最多100页，每一页都有广告位。

图9-6　直通车电脑端搜索结果页的广告位

　　除广告位以外的都是免费展位，在一个完整的搜索页面中共有单品展位65个（第一页单品展位47个免费18个付费、第二页及以后45个免费20个付费）、店铺展位3个，所有这68个展位形成一个竞争环境。

　　您要做的就是如何从这个竞争环境中脱颖而出，用最短的时间让买家与您的宝贝对上眼。直通车按点击量付费，如果展现5万次，点击量不到500次，说明直通车主图根本不行，必须立即更换；如果展现才500次，就被点击了300次，但最终成交才10单，说明直通车主图很牛，详情页转化率太低，必须重新优化详情页。

　　花钱买广告位，是希望让更多人看到、更多人点击、更多人购买，点击量、转化率是重要指标，奔着这一点去优化直通车主图就对了！

　　直通车创意主图尺寸为800像素×800像素，格式为.jpg、.png，需单独上传，您可以直接上传发布宝贝时的电脑端或手机端宝贝主图，也可以重新制作上传。

　　第1章1.7节、1.8节分别讲解了提升主图点击量技巧和主图卖点挖掘提炼技巧，制作直通车创意主图时同样适用，如有遗忘，建议再多看几遍。

　　制作直通车创意主图的步骤：

01　深入了解自己的宝贝，挖掘出尽量全面的宝贝卖点，归纳出主推卖点。

02　分析市场。至少看200组以上与自己宝贝一样的、类似的、相近的同行竞品的直通车主图，分析这些图上呈现了哪方面的卖点、用了什么样的排版/构图/背景、配色方案等。

03　从第一步整理的卖点中找出与竞品相比最具竞争力的、最有差异性的卖点，整理素材，用PS软件制作主图。只要本书前面章节讲解的PS技巧全部学会，独立制作直通车主图没问题！

04　将做好的图片上传到直通车后台对应的推广宝贝里面。

9.4　案例：无线手淘活动图、行业营销活动图

　　在淘宝官方营销活动中心——淘营销(yingxiao.taobao.com)里有两个标签，分别是"行业营销活动"和"无线手淘活动"，如图9-7所示。里面包含了全网不同行业、不同特色市场、全年不同时段大大小小的各种活动报名入口，当您的店铺希望通过官方活动引流时，一定会经常访问这个页面。

　　这些活动中有些为资质准入类，不需添加图片，只要店铺满足要求即可成功报名。

而更多的属于活动报名类，需根据不同活动展现位置上传不同要求的图片。

因为活动众多，并且更新频繁，我们不再单独举例说明其所需图片尺寸，请以您访问淘营销(yingxiao.taobao.com)网页时，页面提示的要求为准。

关于用PS制作活动图方面，只要熟练掌握白底图的处理技巧，一通百通，都能灵活应对！

图9-7 无线手淘活动报名界面

小贴士：详情描述图、装修图侧重提升转化，让买家浏览我们的详情页和店铺时有舒服的心情，从看到买，到多买，整个过程很顺畅。活动图、主图侧重引流、侧重吸引点击，只要您看完这本书，深刻理解这两点核心，那么恭喜您，您一定能独立制作出"攻心"详情页，一定能独立装修出引导逻辑清晰的"高大上"的店铺，一定能在活动报名图上提升通过审核的概率！